活出你的天赋才华

人类图通道开启独一无二的人生

乔宜思（Joyce Huang）／著

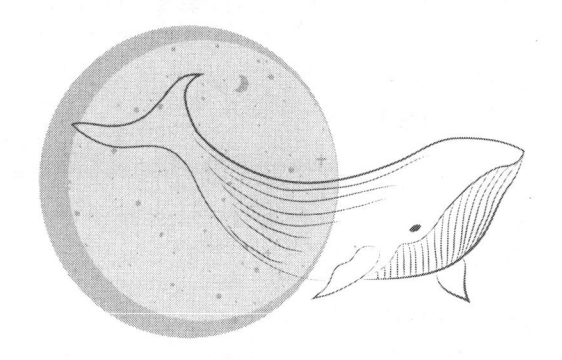

华夏出版社

图书在版编目（CIP）数据

活出你的天赋才华：人类图通道开启独一无二的人生 / 乔宜思著. —2版. — 北京：华夏出版社有限公司，2021.7（2024.5重印）

ISBN 978-7-5080-9914-9

Ⅰ.①活… Ⅱ.①乔… Ⅲ.①成功心理 - 通俗读物 Ⅳ.①B848.4-49

中国版本图书馆CIP数据核字（2020）第039613号

©乔宜思（Joyce Huang）

本著作中文简体版由成都天鸢文化传播有限公司代理，由著作权人授权华夏出版社有限公司独家发行，非经书面同意，不得以任何形式，任意重制转载。本著作仅限中国大陆地区发行。

版权所有，翻印必究
北京市版权局著作权登记号：图字01-2016-0554号

活出你的天赋才华：人类图通道开启独一无二的人生

著　　者	乔宜思
责任编辑	陈　迪　王秋实
出版发行	华夏出版社有限公司
经　　销	新华书店
印　　刷	三河市少明印务有限公司
装　　订	三河市少明印务有限公司
版　　次	2021年7月北京第2版　2024年5月北京第3次印刷
开　　本	880×1230　1/32开
印　　张	8
字　　数	140千字
定　　价	59.00元

华夏出版社有限公司　网址：www.hxph.com.cn 地址：北京市东直门外香河园北里4号 邮编：100028
若发现本版图书有印装质量问题，请与我社营销中心联系调换。电话：（010）64663331（转）

目录

序　人类图：你的人生使用说明书 —— 001
导言　做自己，就是你的成功方程式 —— 006
如何找出你的天赋才华 —— 014
36条通道，36种天赋才华 —— 016

1—8	启发的通道	拥抱自己的独特，带领众人走向未来 —— 001
2—14	脉动的通道	以服务之心出发，指引众人方向 —— 008
3—60	突变的通道	冲破限制，找到全新的秩序 —— 015
4—63	逻辑的通道	透过理性的思维推演，为世界带来启发 —— 022
5—15	韵律的通道	顺应生命之流，决定世界运行的韵律 —— 028
6—59	亲密的通道	人见人爱，拥有建立关系的入门票 —— 035
7—31	创始者的通道	预见未来潮流，发挥影响力的领导者 —— 042
9—52	专心的通道	专注的力量，引导众人聚焦的能力 —— 048
10—20	觉醒的通道	我爱，我说，我存在 —— 055
10—34	探索的通道	虽千万人，吾往矣 —— 061
10—57	完美展现的通道	让美透过我来展现 —— 068
11—56	好奇的通道	好奇心是王道，说故事威力大 —— 074
12—22	开放的通道	创造流行风潮，席卷全世界 —— 080

13—33	足智多谋的通道	记载全世界信息与秘密的人 —— 087
16—48	才华的通道	十年磨一剑 —— 093
17—62	接受的通道	兼顾大方向与细节的管理者 —— 100
18—58	批评的通道	严苛的背后，满怀澎湃的人类之爱 —— 106
19—49	整合综效的通道	有情有义，以牺牲换来圆满 —— 113
20—34	魅力的通道	跑得比猎物还快的猎人 —— 120
20—57	脑波的通道	世界上最聪明的人 —— 127
21—45	金钱线的通道	拥抱丰盛物质的人生 —— 134
23—43	架构的通道	是天才？是疯子？颠覆架构他说了算 —— 140
24—61	察觉的通道	探究人生本质，为世界带来洞见 —— 147
25—51	发起的通道	冒险是天赋，随时准备要跳进未知的人 —— 153
26—44	投降的通道	顾客的心理，他们最了解 —— 159
27—50	保存的通道	最值得信任的人 —— 165
28—38	困顿挣扎的通道	找到意义，化不可能为可能 —— 170
29—46	发现的通道	"我不喜欢输的感觉" —— 178
30—41	梦想家的通道	渴望的源头，有梦最美 —— 184
32—54	蜕变的通道	努力往前，点燃旺盛驱动力 —— 191
34—57	力量的通道	源自人类底层最原始的力量 —— 197
35—36	无常的通道	危机是转机，生命多精彩 —— 204
37—40	经营社群的通道	为家族付出，就是爱 —— 211
39—55	情绪的通道	多愁善感，才能让创造力生生不息 —— 217
42—53	成熟的通道	在不同阶段中，蜕变成蝴蝶 —— 224
47—64	抽象的通道	创意来自天马行空的联想力 —— 230

序

人类图：你的人生使用说明书

Alex老师

在人类图的观点中，每个人生下来都是独一无二的，而且每个人都有独特的才能与个性，但问题是，你生下来的时候并没有一张使用说明书，能够告诉周遭的人以及让长大后的你知道，你到底是个什么样的人。因为没有人知道，所以你的父母只好照他们想要的样子，或是这个社会所希望的样子来养你、教育你；到了学校，你的老师也用学校所希望的样子来教你。这是我们现在所处的社会的正常情形。

换个场景,你在森林里。假设你是一只狗,你的爸爸是只鸟,你的妈妈是只青蛙。(各位先不要生气,你可能会很不爽地说鸟跟青蛙怎么会生出狗来,但是,王永庆的父母也不是大富翁呀,那为什么他们可以生出大富翁来,所以我们这里先不要讨论遗传学的部分。)

所以,你出生后,你的爸爸想要教你飞,他认为我的小孩必须赢在起跑线上,所以当你满月后就开始教你飞,教你拼命挥动你的双脚,只要用力挥动就可以飞起来。可是你不断地挥动,拼命地练习,却始终飞不起来。你爸爸很生气、很灰心,认为你不够认真,不好好练习,你就是不用心。

你妈妈则教你学跳,刚开始,你的肌肉没有力气,跳不起来,可是你妈妈很有耐心,不断地鼓励你,陪伴你。随着你越来越大,你越跳越好,越跳越高,你妈妈开心极了,跑去跟你爸爸说,你看我们的小孩比较像我,而且青出于蓝,比我还厉害。

等到你长大一点,望子成龙的父母就把你送到学校去,希望学校能把你教育成全世界最棒的龙。但一到学校,老师会说,小朋友们,你们想不想成为全世界最棒的龙呀?全班都大声地说:"想!"老师就说,要成为龙之前,我们要先来学几件事情,你们没有办法一下子就变成龙,所以你们要学会龙的几个特点,等你们学会了这些事,你们就会变成龙了。

第一是动作要快，第二是力量要大，第三是要能飞，第四是要能潜入水中。

经过了长久的练习，你每次都跑得比鹿慢，力量不如熊，飞行始终不及格，游泳还可以，但潜入水中不能憋气太久。爸妈一直鼓励你，但成绩始终没办法考第一。

等毕业后，你还是没有办法变成龙，那只好去找工作了。你找了一份指挥交通的工作，因为你的尾巴可以一直摇呀摇地指引方向，所以一去面试就被录取了，工作的表现也不错。但工作了几年后，你发现你的心中一直有个声音在告诉你："我想去卖香水，因为我的鼻子很灵敏，对各种气味都能分辨得很清楚。"可是爸爸从小就跟你说，鼻子灵敏没有什么用，要像龙一样才是最棒的。

听到自己的同学豹子开了一间快递公司，业绩非常好，好像还要股票上市呢，真羡慕。最可怜的是鹿了，选美没选上，现在跟牛还有熊一起在耕田，每天累得要死。想想自己，比上不足，比下有余了，人生呀，要知足。

我以后一定要叫我的儿子好好念书，拼死拼活也要成为龙，听说成为龙之后就可以住进龙宫，里面金银珠宝一大堆。要什么有什么，那样才是理想的人生。

以上这荒谬的故事,请各位不要太计较其真实性与逻辑性。故事的重点在于,因为我们不知道自己的本性,所以只好受父母、社会的影响,变成别人想要的模样。这个叫作"制约化"(conditioning),而正是由于被制约太久了,所以我们已经变得跟真正的自己不一样了。原本全部的"真我",慢慢地变成部分的"真我"加上部分的"非我"了,严重一点的,几乎全都是"非我",已经没有"真我"了。到这个时候,你就会感到不快乐,生活不自在,这工作不是我想要的,我为什么找不到真正的对象……

所以,学习人类图有两个目的,或者说只有一个目的,就是"去制约化"(De-conditioning),让自己回到完全的"真我"。

但是要达到完全的去制约化,最少需要七年。各位应该听过,人体的细胞七年会全部更新一次,所以去制约化是一条路,一条让自己完全回归真我的路。期间需要学习知识、了解自己、用自己的策略过生活,慢慢地活出自己原来的本性。这可以说是"治本"。

另外就是"治标"了,所谓的治标就是解除你目前的一些烦恼与挣扎,或者是痛苦。而这些的来源就是你的"真我"与"非我"彼此之间的干扰与混乱。

用另外一个比喻来说,人刚出生时是最纯真自在的,

100%的"真我",但因为环境的制约化,跑出了"非我"。就像是身上放了一个锁,而随着越来越多的制约化,身上的锁也越来越多,到最后全身挂满了锁。

如果现在你的内心有困惑,对工作不满意,对生命有疑问,或是生活陷入低潮,可能是你现在有几个锁紧紧卡住了你的头脑,让你头痛,让你烦恼。而人类图就可以给你钥匙,去打开(unlock)你的锁,当锁打开了,你的困难、问题也就不见了。

人类图如何开锁(unlock)呢?简单地说,它就是会直接告诉我,我是怎样的一个人。举例来说,当我通过人类图,知道我是一只狗后,我就不再会想要像猫一样去抓老鼠了,我也不会觉得跑得比豹子慢是一件丢脸的事,也不会为此自责。我也不会因为我跑得比鸭子快就沾沾自喜,因为狗本来就跑得比鸭子快。

而且,如果我是一只狼狗的话,我就会知道我应该去看守大门,或者去抓坏人。如果我是一只牧羊犬的话,我就会去应征赶羊的工作。如果我是一只哈巴狗,我就不会为了证明自己的能力去跟狼狗抢看门的工作,然后累得要死。

若想要打开自己的锁,就欢迎你进入人类图的世界!

导言

做自己，就是你的成功方程式

Joyce

  长久以来，我们寻找着每一种成功的方程式，然后，拼命想要复制它。

  这心态反映在诸多商业周刊、电子平台，还有各种媒体上，我们阅读各式各样的名人专访与报道，然后内心默默被激励了，认为有为者亦若是。大家试图归纳出每一条可能通往成功的路径，随着文化与社会的既定价值，归纳出表面看似非常合理，其实很难全部都做到的完美结论：要成功，你就得勤奋努力；你得充满好奇心、天马行空发挥创意,才能看见别人没看见的可能性;同时,你还得训练自己有条有理、有恒心有毅力、耐得住性子反复不断练习;你最好要聪明、懂得何时该谦逊守成,何时又要积极冒险,有霸气有魄力……所有必胜的条件,随着文明进展不断累积下去,我们宛如强迫症一般,认真看待自己所欠缺的,比照成功人士的诸多特质,拼命想补足自己所欠缺的,用力锻炼自己所没有的。

我们以为只要不断努力,就能迈向发达之路。我们努力归纳辩证,督促自己追求完美,期待自己面面俱到,没想到,却因此渐渐失去了核心的力量,不知道该如何指认出自己真正的才能,忘记了自己是一个什么样的人,更遑论该如何做回真正的自己。

常常听见有许多人高喊要"做自己",做自己真的很棒,但什么是做自己?众说纷纭。做自己的第一步,就是要先懂得自己,认清自己,知道自己的强项与长处究竟在哪里。这需要坦诚,接受完美是假象的事实,也认清自己不会完美。若这世界上真有通往成功的方程式,成功人士的秘诀无他,他们只是认清了,终究没有选择,只能做回自己。成为自己的方法,与其紧盯不足的地方,还不如彻彻底底将自己的强项不断扩张,发挥至极大无穷大。掀开当代名人们的人类图设计,就会发现:史蒂夫·乔布斯

（Steve Jobs）是如何彻底发挥了他梦想家与执行力的强项，成就他一生的梦想王国；而U2的主唱波诺（Bono）真正的力量，则来自他内心不断挣扎于人生的意义究竟是什么，并且愿意像疯子一样，从无到有展现他天才般的思维；J.K.罗琳让直觉引领自己，然后放手写出脑中千变万化的影像，于是全世界的"麻瓜"就此拥有了神奇的哈利·波特，充满魔法世界的想象；而理查德·布兰森（Richard Branson）最厉害的地方，则是他擅长判断未来潮流，迅速又精确的决断力，将维珍集团造就为英国最大的民营企业，无人能敌。

知道自己，了解自己，实在是太重要的一件事了。

看清楚适用于别人的，不见得就适用于你，也别再出于匮乏，千方百计想拼命修改自己了。模仿无用，你必须聪明地懂得将自己的强项极大化，才是做自己最不费力的方法。

如何了解自己呢？

假使这世界上有一种工具，能让你清楚看见自己与生俱来，真正擅长的是什么，能够告诉你如何使用自己的长才，告诉你如何才能为自己做出正确决定，这样活着，会不会很省力？是不是很美好？

人类图，就是这样一个神奇的工具。三十多年前，人类图祖师爷拉·乌卢·胡（Ra Uru Hu）在西班牙，创造了这个神奇的体系。它结合了古老的文明，包含西洋的占星、中国的易经、犹太教的卡巴拉生命之树、印度的脉轮，以及量子物理学、基因学、天文学等现代理论，融合成人类图，通过你的出生资料，就可以归纳出你这个人的本质。人类图是一门区分的科学，告诉你属于自己的设计是什么，而什么又是你与生俱来的天赋与使命。最重要的是，人类图更是每个人的人生使用说明书，只要回到你的内在权威与策略，就能指引你，在每个当下做出最适合自己的正确决定。

在人类图的浩瀚体系中，三十六条通道所代表的是每个人最纯粹的生命动力。你的生命动力定义了你是一个什么样的人，你所拥有的通道，是你与生俱来的天赋才能。做自己，就是将每一条你拥有的通道，适切发挥出来。当一个人充满着存在感，活得最闪闪发亮时，往往就是他将通道的才华，展现得淋漓尽致的时候。知道自己的通道，重新看见自己的天赋，懂得自己，欣赏自己，喜欢自己，然后才能真正做自己，爱自己。

请超越比较的范畴，你所拥有的通道多寡，不等于你的力量强弱。天生拥有许多条通道的人，生命中所面临的挑战，在于如何好好协调内在的动力，才能适切展现自己；而相对通道较少的人，主要的课题就在于如何专注地，将自己的才能彻底发挥出来。我常说，没有什么好比较的，没有谁是比较好的设计，谁又是比较烂的设计，你，就是你。如同奥巴马（Barack Hussein Obama）也只有唯一一条梦想家的通道，却足以改变全世界。你必定拥有了每一条你需要的通道，这就是最好的安排，现在，请好好发挥出来吧。

我和我的另一半Alex老师在十五年前（2006年）与人类图相遇，不预期地一脚踏入这神奇的世界。开始只是好奇、喜欢研究，成为喜爱人类图的狂热者，期间我不间断地与国际人类图学院IHDS（International Human Design School）连在线课。学习，顺应心之所向，花了数年，我正式成为全球第一位得到认证的中文人类图分析师，同时也陆陆续续拿到各个阶段的课程讲师资格。接着Alex老师也正式拿到人类图分析师认证，他更延伸触角至职场与工作的领域，正式成为人类图职场（BG5）分析师。

一路走来，我渐渐明了了何谓来自生命底层的召唤。推广人类图是一个大梦，早已在我内心生根萌芽，成为此生的志业。与其说，是这门学问太迷人，还不如说，因为透过人类图，借由如此有逻辑条理的方式，能够引领每个人，重新认得自己，这过程实在太美好了。当人与人之间，可以真诚碰触彼此的灵魂深处，重新去探索，逐步回归每个人的本质，理解了，释怀与放下就变得有可能。那一刻，得以看见原本蕴藏于内，属于每个人的纯粹与美丽，这真的很珍贵，也很有意义。

我们带着满腔热情不断推广人类图，人类图中文世界的大门，从台湾地区开始打开，并向外快速扩展。我要感谢一直热情支持我们的朋友、学员与读者，没有你们，我们无法走到现在的位置上；没有你们，我们不会勇敢呼应内心越来越强烈的使命感，决定承担更大的任务，勇敢蜕变，努力往下一个全新的阶段迈进。从2014年开始，"亚洲人类图学院"正式升格成为Jovian Archive（人类图祖师爷拉·乌卢·胡Ra Uru Hu所成立的正式官方体系）在亚洲中文地区的正式分部。从今往后，在台湾、香港与澳门这三个地区，"亚洲人类图学院"将会是唯一在上述华文地区，拥有人类图相关课程与智慧财产权、代理权的正式机构。

这一本书，是"亚洲人类图学院"以中文的形式，将人类图知识正式介绍给大家。我们期待以轻松易懂的方式，自人类图通道开始切入，让每个人都有机会找到最适合自己的定位，看见属于自己的美好，珍视自己的独特

做自己，就是你的成功方程式
—

性，拥抱属于自己的力量，勇敢发光发亮，创造一个真心渴望的人生。

在此，我要特别谢谢我的另一半Alex老师，如果没有你的支持与宽容，我不会是今天的我。谢谢你一直以来，成为我无比坚定的后盾；谢谢你的爱，总是支持着我，就算全世界的人都认为我很疯狂，你都不以为意，让我能够尽情做自己真心喜欢的事情。

其实，爱一直一直一直存在，暖暖的，环绕着。

一路走来，回首当初，过程中的每一步，每次感到灰暗，或者不确定前方是否还有路走，总忍不住想对天空大声呼喊。有时误以为，此行狂奔千万里，终究孤独，但是静下心来，总是能够听见身旁有爱存在，有这么多爱护我的家人与朋友，稳稳回应着。人类图的祖师爷曾经说，真正的幸运来自因缘具足（serendipity）——对的时间点，到对的位置上，遇到对的人。只是在那之前，你得先做足所有该做的功课，成为自己，才能去体验这过程中的一切。这就是幸运，全然活出自己，发现生活充满各式各样的可能性，尽情体验每一个体验，这就是生命。

祝福每一个人能够顺应内心真正的渴望，好好做自己，也愿一切因缘具足，让我们在对的时间点，去到对的地方，遇到对的人，别忘了相互提醒，要走得够远。

只要走得够远，一定可以，成为自己，成为创造本身，成为爱，成为暖阳，成为光。

谢谢大家。

如何找出你的天赋才华

右图即是人类图（Rave Chart），由方块、三角形、数字，以及两个数连接起来的管道所组成。它们分别是"能量中心"、"闸门"与"通道"。人类图之中，总共有九大能量中心、六十四个闸门、三十六条通道：

能量中心

右图中的三角形、正方形、菱形等九个区块，称之为"能量中心"，九大能量中心源自印度的脉轮，各自对应不同的器官与身体部位，也分别代表不同功能与特性。这九大能量中心分别是：

头脑中心（Head）、逻辑中心（Ajna）、喉咙中心（Throat）、爱与方向中心（G）、意志力中心（Ego）、荐骨中心（Sacral）、情绪中心（Solar Plexus）、直觉中心（Spleen）、根部中心（Root）。

闸门：右图中的每一个数字分别代表一个闸门（Gate），来自易经的六十四卦。

通道：九个能量中心之间的闸门若相互连接，便形成通道（Channel），源自犹太教的卡巴拉生命之树。人类图体系里头总共有三十六条通道，每条通道都代表不同种类的天赋，各有不同的功能。人类图体系里的通道就是你的生命动力与天赋所在。

如何找出你的通道：

请查看本书封底，直接扫描二维码，输入你的出生年、月、日与地点等信息，系统会跑出一张图表，这就是你自己的人类图。这其中，由两个数字连接成一条有颜色的实心线，无论它是短的长的，红色或黑色，只要两个数字都连接上了，那么这就是你具备的通道。这些实线的多寡因人而异，没有比较与好坏之分。对照本书目录，即可得知你具备了哪些天赋才华。

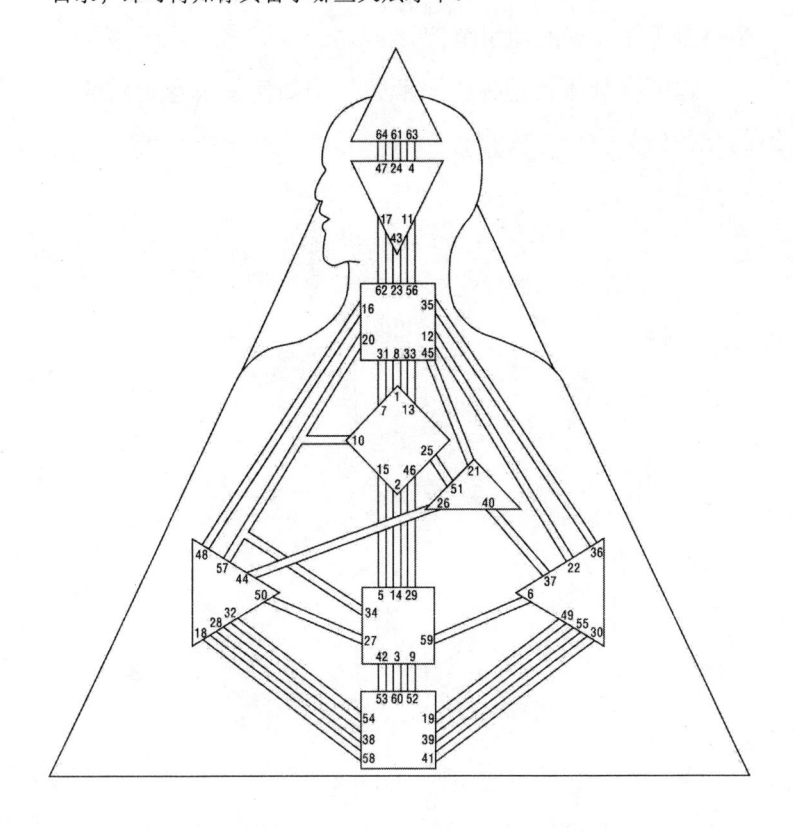

如何找出你的天赋才华

015

36条通道，36种天赋才华

人类图中的通道，代表不同的天赋才华，是每个人的生命动能所在。

每一项天赋才华，都有其具体可行的使用方法与建议。

本书从每条通道入手，拣选出代表性名人，他们的一生就是天赋才华的使用范例。

本书会具体帮助你，了解并知晓如何使用老天赐给你的配备！

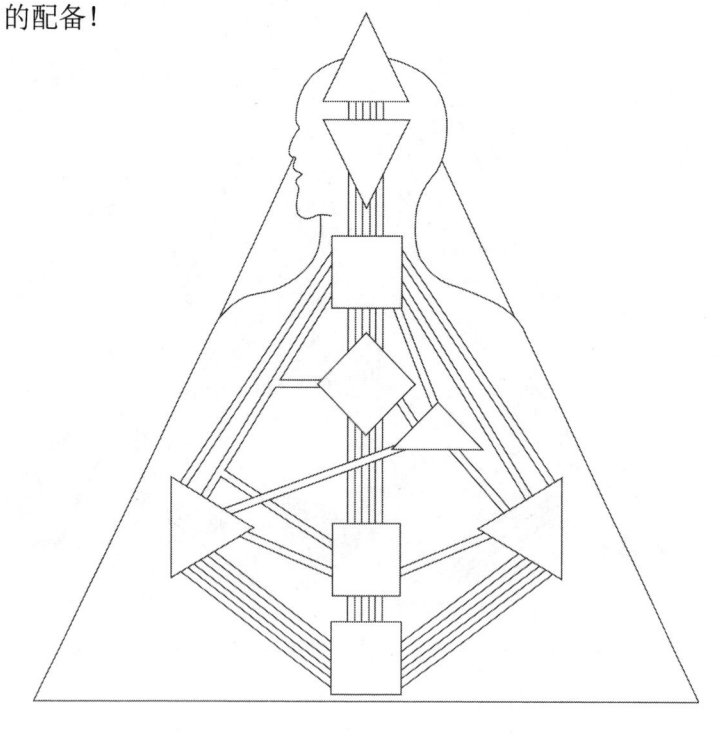

1—8 启发的通道

拥抱自己的独特,带领众人走向未来

定义

充满创意,特立独行,在人群中闪露光芒,你的与众不同就足以赋予别人力量,带来灵感与启发。这条通道能够将内心的信念,形之于外,化为语言,所以说的话充满真诚,能透过语言引领众人朝未来的方向前进。

拥有1-8通道的人,此生存在的目的,在于以创意为世界带来启发,找到一条可行之路,引领众人走向未来。可想而知,既然是"走向未来"的可行之路,就不会是因循传统、安全保守的路。有这条通道的人就是要与众不同,当他们活出自己时,充满磁力,会吸引众人忍不住

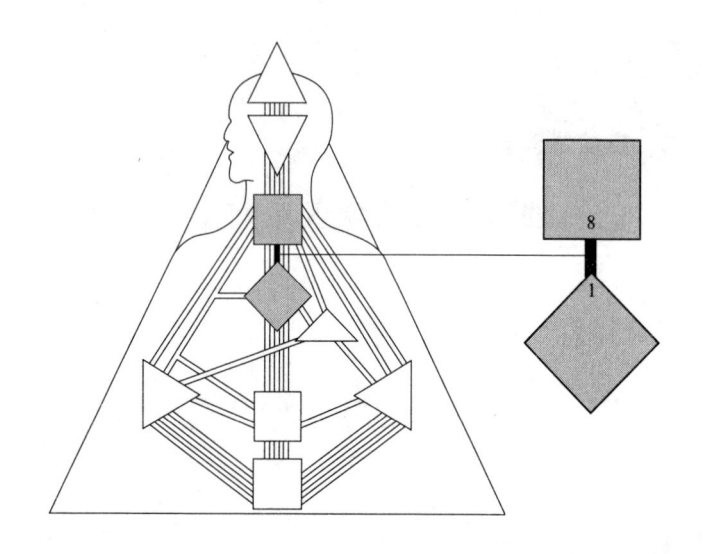

想听见他接下来要说的话，看到他要做的事。此通道的名人很多，而在这些政治、企业、宗教名人中，丘吉尔（Winston Leonard Spencer Churchill）是非常纯粹活出这条通道设计的领导者。

以独特的观点激励众人

丘吉尔活在一个战争的时代，混乱让人们不知所从，他以独特的观点激励众人。最令人印象深刻的是，二次大战期间，法国投降，震撼同盟国，丘吉尔发表了下面这段即使隔了许多年，依然威力不减的演说：

"我们将战斗到底。我们将在法国作战，我们将在海洋中作战，我们将以越来越大的信心和越来越强的力量在空中作战，我们将不惜一切代价保卫本土；我们将在海滩作战，我们将在敌人的登陆点作战，我们将在田野和街头作战，我们将在山区作战，我们绝不投降；即使我们这个岛屿或这个岛屿的大部分被征服并陷于饥饿之中——我从来不相信会发生这种情况——我们在海外的帝国臣民，在英国舰队的武装和保护下也会继续战斗，直到新世界在上帝认为适当的时候，拿出它所有一切的力量来拯救和解放这个旧世界。"

这段演说中的"我们将在……作战"如主旋律盘旋而上，一而再、再而三地累积出慷慨强烈的信念，听者莫不热血沸腾。而最后以"上帝认为适当的时候"为大战胜负指出方向：上帝（与胜利）站在他们这一边，剩下的只是时间问题。

这段演说在英国存亡之秋，在所有人士气低落时，指出了一条明确的道路，其结果不仅激励了全英国人的心，

拥抱自己的独特，带领众人走向未来

也鼓舞了其他同盟国的国民。他的信念与意志跃然纸上，让英国坚持到最后一刻，终于获得二次大战胜利。

而丘吉尔被视为演说史上经典之作的演讲词只有短短几个字：坚持到底，永不放弃。这是他在二次大战时的最后一场演说。当德国轰炸伦敦，全英国再次陷入忧郁中，他出席剑桥的毕业典礼，在上台致辞的短短几分钟内，他高举拳头，全程只是不停地重复这几个字。直到他离去很久后，学生才热泪盈眶地回过神来。第二天，全英国报纸都以此为头条，成了英国当时民族精神的口号，也迅速流传为全世界反法西斯的精神导引。

展现真诚，让人感动因而愿意追随

如此简短的演讲稿，居然成了演说史上的经典。这就是1－8通道启发众人的独特威力，真诚无比。也因为无比真诚，才锐不可当，多余的修饰语、客套话都不必要了。他所说的话语宛如一支飞速向前射出的箭，这支箭正中红心，当一个人心上最柔软最脆弱的所在被真实地触动了，蕴藏于内的力量就会被整个激发出来，从此之后，再也无法回头了。

这就是1-8通道的人，活出自己设计时的典范，他们以如此与众不同的方式，表达内在的信念，引领大家在混乱中走出一条明确的道路。而他们是如此真诚，勇于表达其独特性，展现坚持的信念，让人感动因而愿意追随。虽然这条通道的人，并不在乎是否有跟随者，对他们来说，更重要的是说出真心话，即使当下毫无凭证，他们却笃信自己指出的路是正确的，而事实也证明如此。

他们指引方向的凭据，并非来自经验法则或理性推演，而是他那看似混乱、实则充满创意的方式，在转瞬之间，就明确指出了未来清晰的方向。但是，请不要质疑他，或要求他详加分析其中的逻辑，因为他很难为此说出个所以然，一如丘吉尔无法说明或分析"上帝会在适当时机拯救世界"这句话。这是信念，信念是一种选择，其中不见得有清楚的推演逻辑或道理。

与周遭格格不入的独特性

这条通道的人很独特，他们是"言为心声"的代表，他们说出口的话代表他们的信念、特质和人格。同时他们也擅长多方展现自己的与众不同，如发型、穿着、刺青、

拥抱自己的独特，带领众人走向未来

代步工具……对他们来说，外在就等于内在的延伸，要能充分展现出自己的独特性，就是最重要的事情。

鹤立鸡群不见得是件容易的事，因为自己的与众不同，难免会被误解成不合群而备受打压。他们的独特对周遭来说是挑战，甚至是挑衅！但这不也正是这条启发的通道，为我们所带来的贡献吗？他们的存在之所以能带来启发，就是因为天生与众不同。如何放下合理与否的理性分析，全然拥抱，并捍卫自己的独特性，不再否认也不再压抑它，需要生命淬炼过后的智慧，也需要勇气。但是，如果这个世界缺了这群坚持活出自己的灵魂，如果他们过于担忧，生怕自己过于独特而招致批评，如果恐惧于世人的眼光，压抑自己表达的欲望，久而久之他们容易抑郁。别说独特了，整个人会面目模糊，毫无光彩，那会是多么可惜的事情。

> **给这条通道的人的建议**
>
> 请做自己喜欢的事情，等待别人邀请。当自己有表达的平台时，不要吝于将自己内在的真理说出来。你将惊讶地发现，你说出的话会带来多么大的影响与力量，你的独特性必定能为众人指出一个可行的未来方向！这就是你的职责所在，你的天赋，也是你的荣耀。

通道名人：丘吉尔、马克思、拿破仑、杰克·韦尔奇、证严法师

拥抱自己的独特，带领众人走向未来

2—14 脉动的通道

以服务之心出发，指引众人方向

定义

这条通道能够直接影响其他人的人生方向。这是一股动能，具有庞大的感染力。拥有这条通道的人具备启发突变发生的关键，若能顺着生命的流走，等待生命给你的回应，信任这一切都自有安排，你必能成为"指路人"，让众人都走上属于他们的人生方向。

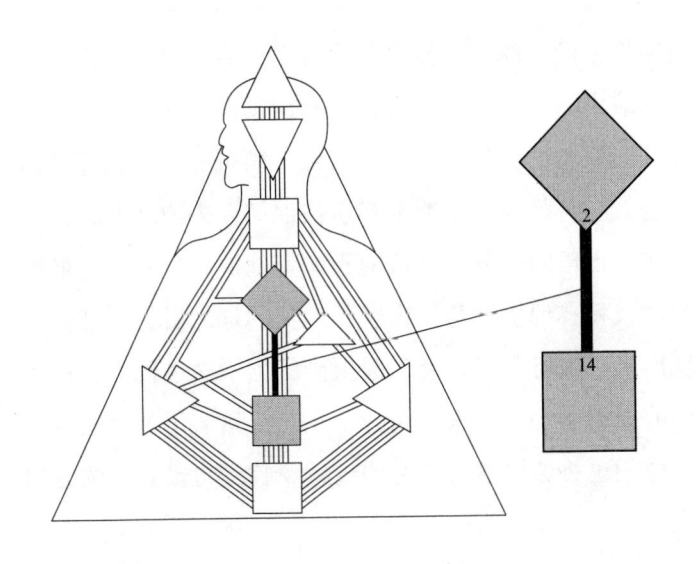

值得信赖的"出租车司机"

这是一条非常神秘又具有穿透力的通道。人类整体的演变就是一连串进化的过程，进化需要突变。而拥有这条通道的人，他们看得见未来蜕变的方向，握有蜕变的契机，他们明白人类不能只停留在旧有的模式与思维之中，必须自根本产生质变。唯有如此，文明的滚轮才能不断地往前进化，也唯有如此，人类整体才能往前继续迈进。

这是一条指引众人人生方向的通道，有这条通道的人，仿佛内建一套非常厉害的运作体系，若将你的资料和

以服务之心出发，指引众人方向

问题丢给他们，他们就能自动运转，然后很快地，找出下一步你该走的方向。我常常比喻有这条脉动通道的人，就像是"出租车司机"一样，而出租车司机的任务就是准确并妥善地，将每位上车的乘客送往他们要去的地方，借此他完成了自己的任务。而他的天命、他的人生方向与最终的归属，将在他协助每位乘客到达目的地之后，自然而然显现出来。也可以说，有一股更高的力量透过他们，化为明确的指引来协助众人，而当众人纷纷落实了各自的目标时，他们也将透过这番神奇的过程，找到自己真正的方向与定位。

本着服务他人之心为出发点的特蕾莎修女

听起来非常口号般的"我为人人，人人为我"？是的，本着服务他人之心为出发点，付出与贡献走到最后，也获得了自身的完整与满足，特蕾莎修女（Mother Teresa of Calcutta）以她的一生活出这条通道。李家同教授《让高墙倒下吧》这本书中有一篇动人的文章，记述了他前往加尔各答，亲眼看见特蕾莎修女与她创办收容所和垂死之家的经过。最令人动容的，不仅是特蕾莎修女一生的服务与奉献，还有她引发了更多人思考得更深，更接近内在的渴求。每一年，全世界从不同的地方涌出好多人，包括银行家、富商以及年轻人，因为受到她的感召，愿意每年固定来到这个贫穷的国度，以服务之心出发，服务更多人。

特蕾莎修女从十二岁时立志为穷人服务，当她来到加尔各答，从封闭的修道院走向穷困的大众时，并没有马上得到教会支持。但是，她服务穷人与垂死之人的信念，很快就吸引了有志一同行动的几位修女，与来自世界各地的义工。事实上，特蕾莎修女并不是个能言善道的人，她之所以能吸引那么多人，是因为别人仿佛在她身上看到神的慈爱，而那么多前来加尔各答服务的义工，不管职业、年龄、贫富，当他们返回自己原本的生活时，这一段经历也必然深刻地影响着他们。就像李家同教授所说，在此服务只短短两天，却使他永生难忘，恨不得一辈子就留在那里服务。

为众人利益努力，便具备赚取世间财富的潜能

这就是拥有这条脉动通道的人，无私奉献时所引发的巨大力量。特蕾莎修女的服务，造福的岂止是加尔各答的

以服务之心出发，指引众人方向

穷困者，她引动了许多眼见她善行的人，内心起了狂烈的震撼。这撼动足以让他们重新思考，生命宛如在那一刻产生质变，让他们选择重新走上自己的道路，解开自己对生命的困惑，明确自己此生究竟所为何来，并放手去创造一段值得活的人生。

这条通道所指的脉动，除了带有宗教性质，也具有赚取世间财富的潜能。有这条通道的人，不见得要从事宗教服务才会赚钱，而是要很清楚，让这条通道顺畅运作的关键点在于：出发点不是为了钱，而是愿意怀抱一颗乐于服务众人的心，为众人的利益而努力。当他们真心希望自己所做的一切，能为大家带来健康的饮食、身心灵提升或智性的成长等，就能在不同的领域里，默默指引众人正确的方向，因此得到丰盛的反馈。这就像是同样具备此通道的张小燕小姐，他们的存在与智慧，提供了大众明确的定位，以及未来转型的指引。他们绝非基于个人利益，而是真心愿意服务更多人，自己也从中获得了深深的满足与成就感。正如特蕾莎修女曾经这样说道："我做这些事情并非为你们，而是为了自己。"

传递神谕的"神的容器"

拥有这一条通道的人很容易流于两极。一端是自我感觉良好，自以为很厉害，能看清别人的人生方向，给予建议，却因此而容易流于我执、过度自我的状态，反而看不清实相；另一种则是极端缺乏信心，导致诚惶诚恐，认为自己诸事不足，又如何能提供别人指引呢？事实上，宛如神的黑色幽默，有这条通道的人，可以明确指引别人的方向，却往往搞不清楚自己到底该往何处去，这是他们常常深陷的苦恼。因为他们是传递神谕的人，也就是"神的容器"，只需投降、等待、回应，这是最难也最容易的事情了。他们得放手，也得放心，看看这条路将带领他们前往多么不可思议的未来，昂首而去。

有这条通道的人要试着体会"无私"与"破除我执"的真义。在给别人建议时，要记得"方向并不是由你发出，而是透过你发出"，如果对于你所吐露出的方向是否正确有任何的迟疑，只需静下来好好问问自己："这个方向有没有为这个世界带来美？带来爱？"如果答案是肯定的，代表着你正走在对的轨道上。

> **给这条通道的人的建议**
>
> 你拥有的是一条神秘、能量强大的通道，所以要怀抱巨大的信任：信任自己，信任施比受更有福，信任自己的方向握在更高的力量手上，信任这一切都自有其安排。时时提醒自己要谦虚，同时又要有信心，理解众人的方向是透过自己来呈现。你生来是要服务更多人，若能维持这样的中立性，自然而然，生命的流就会带领你，前往该去的地方，体验迎面而来的每一个体验。如果愿意真正放下，信任生命，就能体验到顺流而为其中的奥秘。

通道名人：特蕾莎修女、张小燕

3—60 突变的通道

冲破限制，找到全新的秩序

定义

这条通道的人有一种特殊能力，可以跳脱以往框架，自既定的桎梏与限制之中，找到全新的秩序。他们的人生恒常处于低潮、求存状态，接着在某一刻竟然曙光乍现，找出原本从未尝试过的应变之道，然后又开始面对下一个限制，再接再厉，再来一遍。如此周而复始循环着，而不可思议的质变，就在这样看起来反反复复的周期中发生了。虽然很难预知蜕变何时会发生，以及到底会不会发生，但是，在找出全新秩序的那一瞬间，是如此神奇，让人惊叹不已。

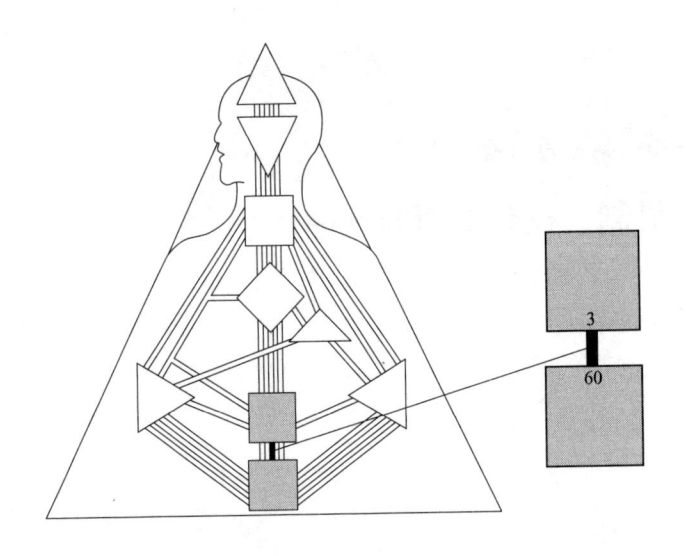

他们的行事风格或许难以预料，但是不可否认他们的变通力真的很强，不仅为自己的人生带来彻底的变化，也同时能为我们带来不可思议的突变。

在混乱与新秩序之间摆荡

我喜欢比喻有这一条通道的人，像是一颗顽固的种子，身处寒冬将尽、暖春将至的黑夜里，本质蕴藏着一股毛毛躁躁、非常急迫、想立即冲出去的旺盛企图心。黑暗中，虽然还看不到光，但是渴求生存的驱动力是如此强烈顽强，虽然在困难中不断摸索，疑似绝望，却终究能够冲破限制，然后突变成另一种截然不同的形式，像是种子发芽后成花成树，这就是神奇的突变通道。

有这条通道的人特别容易看到限制，但同时内在又有一股硬要从重重限制中，钻出一条路来的强大驱动力。就算环境充满限制，他们为了求生存，也会凭借着本能，感受到自己想要蜕变成另一种全新的存在。这也就是为什么他们经常处于莫名的焦躁与不安，也容易陷入一种周期性的低潮与忧郁。从黑暗到光明，从光明再到黑暗，他们会一直看到限制，寻找突破，然后又在现实中碰壁，再突破。生存的焦虑感，始终存于他们体内，而到底应该如何改变，怎么样才能找到全新的突破方式，就成为他们不折不扣的人生课题。简而言之，他们这一生，就是在混乱与新秩序之间摆荡的循环，但是每一次循环，每一回穿越，都能让他们脱胎换骨，成为一个全新的人。

突破限制的第一步：放下抗拒。"投降"是过关斩将的关键心法——投降于现况，接受当下的限制。臣服于事情的现况就是如此，抗拒又有何用，不要继续浪费力气在抗拒既定的限制上，才有余力去找出新的可能性。种子不会哀叹上头压着的泥土很重、离地面不知多远、冬天又冷

冲破限制，找到全新的秩序

又长，因为事实就是如此。而真相是，限制越大，能突破重围的能量也越大，限制并不是你的敌人，而是你最好的盟友，得以锻炼你，激发你产出全新的创意。没有限制，就不必突破，没有僵局，就不必找出突围的方法，新的秩序永远与旧有的限制相对应，这是宇宙共生的法则之一。

弗洛伊德将焦点放在突破重围，带来新秩序

弗洛伊德（Sigmund Freud）是这条通道的代表人物。弗洛伊德本来是个医生，原本研究脑性麻痹与失语症，他在临床中研究病人病因时，在既定的心理学模式中找不到解决之道，因此创立了精神分析学派，提出了"自我"、"本我"、"心理防卫机制"等概念。在他之前，心理学没有"潜意识"的概念，他更石破天惊地提出梦是通往潜意识之路，划时代的创新思维，全新看待心理学的秩序，从此诞生。

突变的通道，就是弗洛伊德突破重围的方式，既然既有的学派和理论，已经完全无法解决他临床时所遇到的困难，他就横空出世，提出一个彻底创新的分析理论。虽说他提出的诸多理论，有许多细节后来被心理学界所摒弃，

但是其研究方法，却早已深深影响了后来的心理学、哲学、美学、社会学与文学。这就是突变的通道带来的质变。从他之后，心理学彻底改变了，这世界也改变了，虽然不见得延续他的方式来解析梦与潜意识，但是，我们从此解读心灵的方式，已然进入另一个层次。时序渐进，蜕变是不断向前滚动的大轮轴，永不再回头。

一股在压力锅中随时猛爆的力量

这条通道的人无法仔细过活，无法锱铢必较详加计划。他们无法纸上谈兵，无法空谈，无法以写报告、闭门造车的方式研究与创新。他们自己也说不出为什么就是无法如此的理由。对待他们最好的方式，就是直截了当地将他们丢到现场、丢上街头，没多久，直截了当又自然而然地，如鱼得水般，他们就能自行碰撞出一条与社会脉动相呼应的道路。这股本能的求生存的力量，无法以逻辑理性规划，无法推理解释，比较像是一股处在压力锅中，因为承受巨大压力到某种程度，突然猛爆出来纯粹求生的力量。既然如此，你又如何能期待这条通道的人安于现况？或屈服于旧有规则与传统模式？他们无法墨守成规，也不

冲破限制，找到全新的秩序

愿意重复自己，这些在他们眼中都是限制，他们追求的不是安全，而是创新。存活之道或许不易，却充满旺盛的生命力。

这是一股强烈原始的求存动力。所以，有此通道的人总是毛躁，静不下来。他们经常给人一种躁动感，听起来很像蜕变期的青少年吧？有这条通道的人具备源源不绝的生命力，想求新求变，终其一生都像处于即将长大、脱胎换骨的阶段。试着回想你青春期时的感受，隐隐约约感觉自己即将不一样，同时却焦躁、浮动、不安，怀抱热血梦想却又在不确定之间徘徊。他们容易焦虑，也容易忧郁，因为没人知道脱胎换骨之后，究竟会是怎样的光景。

而突变，像是一股更高的力量降临，透过他们来发生。他们为此所付出的代价就是，不知道突变何时会发生，是否会发生，突变之后会更好还是更糟。这些不确定因素，着实让人躁郁不已。拥有这样的人生，旁人或许觉得太惊心动魄，其实他们自己也觉得很累，但长远来看，当他们终于摸索出解决之道，当他们冲破了限制，带来启发，引发质变，其喜悦与兴奋程度，又是如此炽烈而动人。

―― 给这条通道的人的建议 ――

　　你体内原始的躁动力，让你焦虑忧郁，却又不知道该如何是好。首先，请与自己的原始本能共存，这是一股很棒的原力，它让你躁动，却也是你求得生存的来源。别因为恐惧而死守安逸，你的抗压性强，环境越严苛，你才能越沉着越冷静。压力是你的最佳动力，不管是平时或者处于高压状态下，请多运动，运动可以帮助你纾解忧郁与焦躁。

通道名人：弗洛伊德、猫王、拳王阿里、王永庆

冲破限制，找到全新的秩序

4—63 逻辑的通道

透过理性的思维推演,为世界带来启发

定义

这条通道代表科学的、多疑的头脑。脑中会不断冒出各种疑问,持续进行反复又反复的逻辑辩证,无法停止运转。借由理性质疑,来检视一切事物的正当性,最后归纳出足以放诸四海皆为准的正确解答。为世人的贡献是,请善用你那持续问答的清晰脑袋,解决与自己无关的问题,为世界带来洞见与启发。

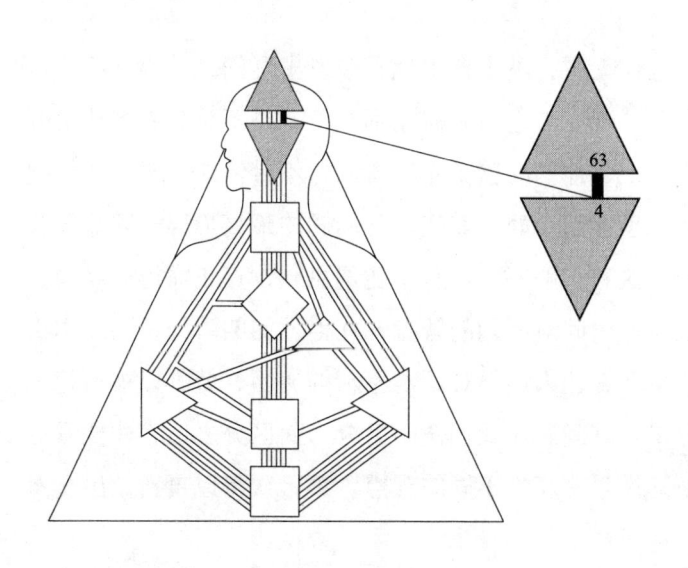

问对问题，就能带来清晰

这条通道的人，无时无刻都会在脑袋中自问自答，这就像是一场持续不停地进行问与答的实验。为了想了解世间事运作的规则，他们擅长将过程整个摊开来，一一检视，试图找出当中相关联的逻辑，大胆提问，并小心检验，为的是从中找出解答，才能得到一套可依循的模式，以求造福众人。

爱问问题的人，并不是天生爱找麻烦，他们其实是无法控制自己的脑袋，不管看到任何事情，大脑立即快速飞

透过理性的思维推演，为世界带来启发

驰,运作无碍,不由自主地不断发出疑问:"为什么会这样?""现在与之前有何差别?""是不是会有其他更好的方法?"他们的脑子充满质问,不带情绪,对一切怀抱质疑,理性而平静。其实,问问题的最高境界,并非要我们苦苦执着于解答,若有幸能遇见一位真正懂得问问题,并且有能力问对问题的智者,在他发问的瞬间,那原本纷乱的事务,让人纠结难解看不清的谜团,就可以被清楚地区分了。好问题让我们做出区分,而区分之后,才能看见全新的风景,产生不同的观点,再一次得以重新做出有意识的选择。

换句话说,一个好的问题本身已经深具启发,即使尚未找到答案,问题本身的存在,也已指出了一个明确可前进的方向。

这条通道的人除了提问,也有找出答案的天赋。我们常说,真理越辩越明,在问与答之间,人类得以建立一套可行的逻辑模式。这是一连串可以不断衍生的归纳过程,为了得到正确答案,他们问问题,筛选并辩证,直到找到答案为止。而当下这个答案,可能又会衍生下一个全新的问题,在问与答之间,建立起模式。而世俗面的制度,或者精神层面的省思,就能借由如此往返的过程,重获清明,也让身心得以安顿。

我们可以说，这条通道造就了科学的起源，他们在脑中提出假说，实验组与对照组，一一检视并删除，试图从中得到答案。而二十世纪伟大的文学家塞缪尔·贝克特（Samuel Beckett），也是一位擅长在脑中提出假说，逐一检视以求答案的人。他的代表作《等待戈多》，可以说是有这条通道的人最具体的呈现。整部戏自头至尾，就是两个人在等待戈多的过程，没有丝毫剧情，只有对人类命运与生存所提出的大哉问。巧妙的是，结尾是开端的重复，而这两个人在等待的过程中，看似乱无头绪的对话，最终戏落幕了，空留问与答，还有疑惑与辩证之间所带来的深思与启发。

找到答案，才能纾解焦虑

这条通道的才能，必须运用在与自己无关的事情上，若是思考众人之事，他们的思路就无比清晰，以诘问的起始点，进而归纳总结，得出客观的见解。如此有逻辑的演绎方式，尤其适合运用在科学领域上，同时也有许多哲人与文豪，也透过提出问题的方式，来呈现他们对人类问题的观点，启迪众人。

透过理性的思维推演，为世界带来启发

由于他们脑袋中的思绪完全停不下来，所以他们常常莫名感到焦虑与压力。不停发问，而这些问题都必须被回答，虽然答案不一定正确，但这又是思考过程中，必须经历的阶段与过程。唯有等待找到答案的那一刻，他们才能稍微纾解焦虑；但是很快地，他们的脑袋又会提出新的问题，等待被解决。所以，若一不小心开始运用这条通道，来思考与自己相关的问题，就会发现脑袋呈现打结的状态。

这就像是"旁观者清，当局者迷"的道理，再怎么清晰的脑袋，再怎么缜密的思考逻辑，一旦开始牵涉到与自己相关的议题，就宛如深陷流沙，昏头昏脑，状似失灵。他们很有可能一开始就问错问题，自然也得不到正确答案。在问与答之间，自行激荡，再度形成全然偏离事实的循环，归纳出莫名其妙的答案，落入固有的困局模式，一直转一直绕，钻牛角尖到最后，只是倍感苦涩，白白浪费了这条通道的才华。

给这条通道的人的建议

你容易感到焦躁，对眼见一切都跑出一堆疑问，并试着想得到答案。请将这份才华用来解决世界与别人的问题，若思考自己的事情，容易陷入"鬼打墙"般的循环里。而且，在解决别人的问题前，请等待别人邀请，或向你求助，你再提出质疑与解决方案。

在别人辨识出你的才能之前，你若轻率发言，容易因为你提出的一连串问题过于繁杂庞大，而让周遭陷入混乱。

通道名人：塞缪尔·贝克特、宫部美雪、马龙·白兰度、莱昂纳多·迪卡普里奥

透过理性的思维推演，为世界带来启发

5—15 韵律的通道
顺应生命之流，决定世界运行的韵律

定义

有自己独特的韵律，可以顺应环境改变，何时改变或者要如何改变，内在都有其节奏可依循。有这条通道的人，人生可以活得很优雅不费力。若能真正顺应自己内在的韵律，周围的人、事、物就会巧妙地配合着，不早不晚，依序在该发生的时候来到你面前，你只需要顺着生命的流，回应生命所带来的一切。

当你顺着流走，每件事都会很顺利。若你开始觉得外在混乱，那其实只是反映出你自身内在的混乱。别忘了你自身的韵律强大如洋流，周围的人将随你的进度起落，顺

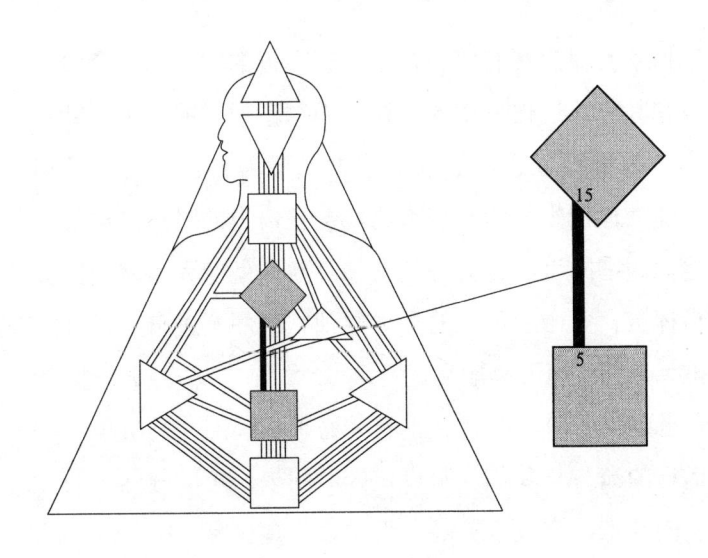

波动摆荡着，不快不慢，不疾不徐，交融同拍，相互流动与回应。

一如乐团的灵魂，是团队里主导韵律的王

这条通道的人是主导这世界韵律的节拍器。他们决定了诸多事物运行的韵律，全世界有此通道的人，就像散布世界各地的许多小型节拍器，他们顺应着一个更雄伟巨大的节拍器，也就是所谓的"生命的流"。无形中的起承转

顺应生命之流，决定世界运行的韵律

合，拍子音律急缓有序，都承接着宇宙的韵律。生命中，事情有其应该运作发生的韵律，而这条通道的存在，就是让宇宙的流透过它来展现。当他们顺着自己内在的韵律走，那么他们生命中一切事物都会在恰当的时机点出现，而他们周围的世界也会井然有序。他们就像人生路口的交通指挥员，依循着更高的指导原则，时序渐进自有最好的安排，世间万事万物顺畅运行。

世间的万事与万物，都有其必须历经的完整阶段。宇宙运行的流，与我们头脑设定的时间表，可能截然不同，小我的观点终究过于狭隘，无法真实窥见冥冥中、底层庞大机制所安排运转的定律。花开花落终有时，其实是慢不得，也急不来。就像制作陶器，捏完后需等它成型、干燥、焙烧，这是一个完整的过程，所有该经历的、该发生的，若安然顺应更高层次的韵律，完整去体验与经历全部，才得以圆满。

"韵律"这个概念，看似抽象，不好理解，那是因为这条通道的人不见得是做了什么，或说了什么，而是单纯存在着，在能量的层面上就得以主导了周围人、事、物所运作的顺序与节奏。有一回我替一个摇滚乐团里的成员做解读，其中有一位成员的设计很有趣，他的整张人类图设计里就只有一条韵律的通道。换句话说，这正是他最主要的生命动力。外表看来,他沉默寡言,不太发言没有意见,也总是很安静。既然如此,他要如何主导乐团运行的节奏呢?一问之下,我忍不住觉得太妙而大笑,因为他正是鼓手,内在的韵律就这样明确地化为鼓声,或快或慢全在指尖,他是乐团的灵魂,是团队里主导韵律的王。

回应内在的韵律,活得自在优雅的茱莉亚·查尔德

拥有这条通道的人,尊重自己内在的韵律是非常重要的一件事,不要勉强自己,也不要卡在脑袋或世俗大众所认定的时间表里。要知道人生中你要几岁谈恋爱、几岁要结婚、几岁一定得赚到第一桶金、几岁买到房子,真的没有一个放诸四海而皆准的标准答案,也并没有一张固定的时间表适用于每个人。是的,生老病死有其韵律,而你的生命也会自有其过程。你的顺序、你的节奏,无法由脑袋理智的层面来加减计算,到头来,只能顺心流动,顺流而行。

既然具备韵律的通道,若能时时回归中心点,诚实回应自己内在的韵律,就能活得很优雅。天时、地利与人和,宛如天上繁星各自有其轨道巧妙挪移着,到最后,时

顺应生命之流,决定世界运行的韵律

机到了，必会自然而然与你站在同一边。反之，若是你轻易让恐惧介入了，被无谓的思虑混淆了，当你开始焦虑地试图想控制些什么，而完全忘了回归内在的韵律，混乱则不可避免，费尽心力即使勉强达到原先设定的目标，之后也会证明是一场错误。

有名的美国籍厨师茱莉亚·查尔德（Julia Child）就是这条韵律通道的代表人物。她在三十四岁才结婚，以她所处的年代着实相当晚婚。她在结婚前只会吃，不会做菜，快四十岁才报名去蓝带厨艺学校学习，从此爱上法国菜。她写书、上节目，很多人五十岁都退休了，她则是到五十岁才开始真正大红特红，变成美国烹饪的偶像，发达成名之路就此大开。她影响了当代美国饮食习惯，她改变了美国主妇一直以来狭隘的做菜习惯，她重新掀起了前所未有的美食风潮。

她不仅在如何过人生这件事上自成韵律，连日常生活、待人处世也有她独到的风格与节拍。她高大，说话口音奇怪，在节目上不怕出糗，就算犯错了也能状似优雅，不慌不忙地告诉家庭主妇们，厨房里充满各种可能与意外，谁没打翻过酱料，谁又翻蛋永远不出包。就算有一千一万个步骤流程要依序完成，到最后，你只能回应内在的韵律，找出自己的应对之道。她让我们理解人在厨房，突发状况就是常态，错误才能让人绕个弯来转换菜式，发明出另一道菜。

顺应生命的流，一切都会在最恰当的时间点发生

直到今天，她的形象还如此深入人心，充分展现着这条通道的优雅与迷人。换句话说，如果你有这条韵律的通道，何须为自己内在的韵律感到困窘或罪恶呢？难以顺应社会或别人的节奏又如何？你该听从的是内在的韵律，换句话说，你真的不该勉强自己，否则很容易招致混乱，反倒将一切搞砸了。

接受每个人、每件事情皆有其熟成的时间点。所谓的时候到了，意味着诸事齐备，宛如众神归位，一切具足，才正是事情该发生的时候。如果你拥有这条通道，请诚实回应自己的内在，每个当下都忠于自己，做出选择。如此一来，就不会急切或慌张地被外来的讯息所打乱，而是信任一切将在最恰当的时间点发生。或许你无法在理智上理解，那又如何？放轻松，你是遨游于时空的旅人，只要回应宇宙之流的韵律，就能顺畅前进。

给这条通道的人的建议

你人生中有很多事情，不是在社会规定的时间点上发生的，而是要等到你内心准备好了，事情才会顺利发生。所以当你顺应自己的内在之流时，你必然能与宇宙的流相呼应。此时，生命会回应你，所有你需要的事物。同时，你也会影响周围群体的运作。当你顺着流走，不因种种延迟而强求，那么，你人生所有美好的事物必然会一一来到，要有耐性，也要有信心。

通道名人：茱莉亚·查尔德、莫扎特

6—59 亲密的通道

人见人爱，拥有建立关系的入门票

定义

这条通道充满生产力，代表人类旺盛的生殖能力，具有强大的能量场，能瞬间感染周遭所有人，在极短时间内让大家卸下心防，与你亲近。你的存在是为了打破人与人之间的藩篱，促进人与人之间的互动，共同创造新的思维或作品，让事情可以从无到有发生。

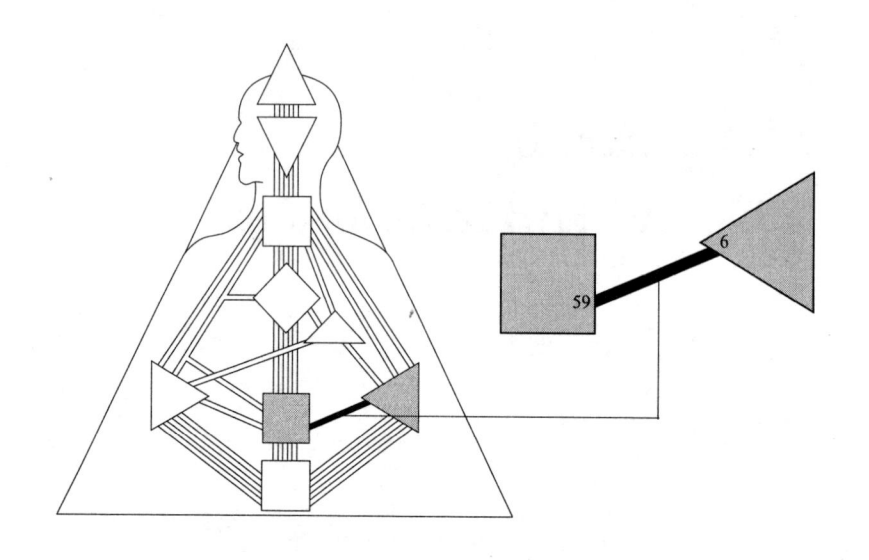

拥有绝佳观众缘的美国甜心朱莉娅·罗伯茨

朱莉娅·罗伯茨（Julia Roberts）被《人物》杂志评为世界最美女人排行榜的第一名，但老实说，朱莉娅并不是那种完美无瑕的大美女。严格来说，她嘴巴太大，脸上有雀斑，但是你很难不被她温暖的笑容与亲切的嗓音所融化。大家对她的印象从1990年的《风月俏佳人》开始，二十几年过去了，她依然屹立影坛，观众一如既往地喜欢她。她真是永远的美国甜心啊！她不仅有观众缘，在同侪之间也很受欢迎，被演员同侪投票选为"最佳女主角"，几乎是掳获男男女女，各种阶层、人种的喜爱。她常带着自己的小孩出去逛街，穿着打扮朴实，一点架子都没有。有次曾被路人惊喜认出，朱莉娅还忍不住低声拜托大家："对，我就是朱莉娅·罗伯茨啦，但拜托你不要告诉别人！"这个大明星就像邻家女孩，所到之处无不给人亲切好相处的感觉。

瞬间瓦解他人防备

这也就是亲密通道为什么又叫"人见人爱"通道的原因。他们的存在极其特别，当他们出现的时候，原本人与人之间，为求自保而矗立的铜墙铁壁，也能在瞬间坍塌了。人类图祖师爷曾比喻这条通道的能量场就像一把热刀，当它切进一团奶油时，奶油毫无迟疑地，就在那瞬间融化了。似乎只要一靠近他们，自然而然就会喜欢他们，进而想与之亲近，而这就是亲密通道的威力。

就算是社会的边缘人，不管再怎么高傲、特立独行、冷僻，也都在不知不觉中愿意与他们亲近。若要解释这样的状况，只能说他们让人喜爱的，或许并非其个性或特质，而是纯粹一股亲密的能量，可说是一出生就拥有人际

人见人爱，拥有建立关系的入门票

关系的"入门票"，无形之中就能讨人喜爱。好人缘总是吃香，机会大门也因此极容易在他们面前展开，真是不折不扣天生的幸运儿。

赢在起跑点的绝对优势

这条通道的人之所以具备"人见人爱"的能力，是因为他们肩负让事情从无到有的任务。以人类生殖繁衍的需求来说，亲密的通道让别人想与之亲近，如此才能生出小孩（从无到有），人类才能得以存续。若放在工作的范畴里，当别人愿意对你开放，你才有机会整合众人的能力，让事情发生并推进。

取悦周围的人、与人亲近，这些是人类底层极为重要的需求，在两性关系中尤其如此。有这条通道的人，体内总是燃烧着一股原始的、火热的欲望，目的是为了繁衍下一代。他们需要性，然后生出孩子。亲密通道是人类存续的本能欲望，"人见人爱"是上天给予他们的厉害配备，好让他们有更多机会、更多选择，得以繁衍出优良的下一代。

话虽如此，这也不代表有亲密通道的人，就能轻而易举地找到另一半。虽说主动示好的人或许很多,但是他们并非来者不拒,在内心终究存有一个巨大的疑惑:"这么多人喜欢我,但是,我喜欢的人到底在哪里呢?"而且尽管别人很想亲近他们,他们甚至可能会觉得很烦,烦恼着怎么老是有一堆无谓的人黏上来,而为此感到困扰。所以,有这条通道的人,在人际或两性关系上,往往"有多亲密,就有多不亲密",他们可能选择让你走进他们的世界里,让你这一刻感觉好亲近,但是也可能在瞬间完全封闭自己,将你隔绝在外,再也不让你靠近。

适合从事生产与创造的行业

"人见人爱,让事情从无到有"的能力,不仅适用在两性关系,也可应用在工作上。他们如果从事营销工作,能迅速整合多方人马,让不同立场的人愿意聚集,事情较能迅速推进;如果从事业务工作,因为他们人见人爱的特质,特别适合卖不需要专业技能与知识的产品,只要客户看顺眼就能成交,极占优势。可是,如果销售的是高科技产品,或者需要专业知识的商品,"第一眼印象"只算是拥有入门票,此时就考验着亲密通道的人平时是否累积了专业实力。若本身就是专业人员，就非常适合从事创作，或任何整合团队、能让事物从无到有发生的工作。因为这条通道本身，已经具足充沛的生产与创造力，容易在团队中激发许多灵感与火花，将项目顺利完成。

亲密的通道听起来很强、很厉害吧？可是，有些人虽拥有这条通道，却完全不觉得自己"人见人爱"，为什么呢？若你没有意识到自己其实具备这样的能力，当别人释放出喜欢或友善的讯息时，不仅不愿接受，还反复质疑别人到底喜欢自己什么？会不会是另有所图？请记住：当你无意识否定自己的能力时，将无法善用自己的力量，这不是白白浪费老天爷给你的天赋吗？所以，为什么不转换自己的心态，不管在恋爱或者工作上，都愿意真心相信："老天爷赐给我人见人爱的特质，只要我愿意，一定可以整合大家的力量，不管任何人，都一定会喜欢我的！"

给这条通道的人的建议

当你发现自己拥有这条通道,请热烈拥抱它!想想朱莉娅·罗伯茨从出道到现在,屹立了长达二十几年的魅力。亲密的通道具有强大的破冰能力,具有让一切从无到有发生奇迹的可能。老天赐给你这么厉害的天赋才华,是为了让你在人与人之间建立连接,不管是两性、工作,还是个人创作上。请你相信自己创造奇迹的能力,善用它,然后为这世界带来新的可能。

通道名人: 朱莉娅·罗伯茨、爱因斯坦、席琳·迪翁、史恩·康纳莱、《西雅图夜未眠》导演、编剧诺拉·艾芙隆

7—31 创始者的通道

预见未来潮流，发挥影响力的领导者

定义

真正的领导者，洞悉未来的潮流与走向，并以特有的方式沟通呈现，让大众了解其真意。他们以科学与逻辑的方式，归纳出一个最有可能成功的方式，带领社会走向未来。这里所谓的领导者并不局限于政治人物，可以是各个领域学有专精的大师或佼佼者，能以其发言或者研究，发挥广大的影响力，指引出一条可行之道给大家。

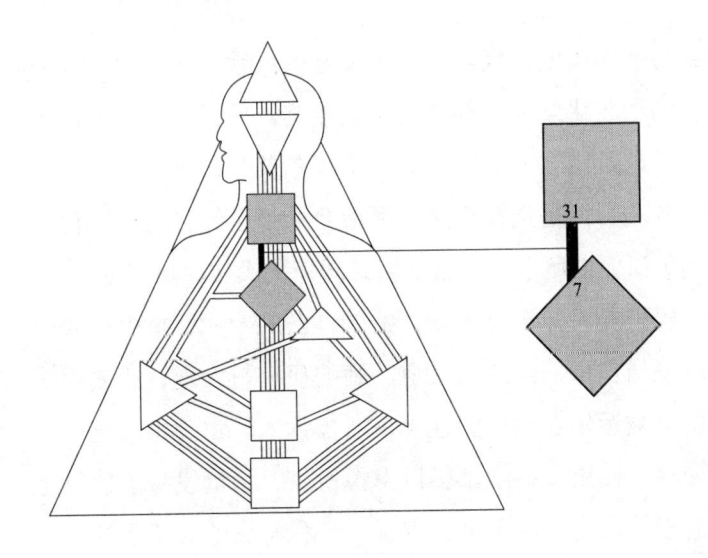

指引我们前往未来路径的居里夫人

这是一条领导力的通道。在这里所说的领导者，指的不是仅限于传统权威型的领导人物，而是能登高一呼，引领众人知晓各种具有前瞻性的理念、能标举未来潮流走向，并指出社会大众接下来可以前往的愿景与方向的人。他们是创始者，我们因而得以看见各种前往未来的路径，而全新的局面也就此展开。

居里夫人具备这条创始者的通道。在科学领域里，她所带来的影响深远，现在我们提到居里夫人，总会直接联

预见未来潮流，发挥影响力的领导者

想到与镭相关的研究。事实上，她的成就不仅于此，她分别在物理与化学领域都得过诺贝尔奖。而且最令人惊讶的是，当时她因自己的研究获得诺贝尔奖，却没有为此申请任何专利，而是选择全然无私地公之于世。日后放射化学的相关研究之所以能蓬勃发展，居里夫人实在功不可没。

居里夫人并没有从政，她以自己的专业，指引世人一条明确通往未来的康庄大道。她的研究与发现，让放射线有机会被运用在治疗癌症上，造福世人。由于她慷慨无私的分享，让更多科学家得以发挥所长，尽情投身于放射化学的相关研究。居里夫人曾说："科学家的天职是持续奋斗，彻底揭开自然界的奥秘，才能好好掌握它，在未来造福全人类。"有这条通道的人，脑中所想的一切都是关于未来的，思考的范畴也总会是：该怎么从旧有的既定模式中，整理归纳出一条可行的道路。他们真诚又充满热忱，渴望领导众人前进。

以逻辑有条理的方式吸引更多跟随者

这条创始人通道的领导方式，秉持的是科学与逻辑归纳的方法，如同居里夫人所说："持续不间断地努力，将努力的成果化成可依靠的数据和公式，帮助人类前进。"一般大众信任科学，是因为科学有凭有据有逻辑，听起来很能说服人，而这也就是这条通道最吸引人之处。同样的状况，若遇到彻底跳脱框架的创新方式，就算所提出的解决之道最终证明是对的，却由于无法给出合理的解释，众人一时难以信服，相对而言要普及就容易变得窒碍难行。

当这条通道的人以逻辑有条理的方式，自过去的经验法则中，归纳出一套可行的运作公式，假设未来基于同样的状态下，必定也会行得通。他们与大众沟通分享，试图说服并吸引更多跟随者，如此一来，才有机会获得众人支持，获得资源来落实并实践其理念。

这是一条相当符合现代社会中，领导者被选出并发挥影响力的通道。就如同在各种竞选的场合，每个竞选人根据不同的逻辑推演，各自表述。大家各自提出政见，相互辩论，阐述各自立场，探讨彼此提出的模式在未来是否真的行得通。逻辑得以辩证，期待越辩越明。如此一来，民众便能深入了解其见解，并做出明智的选择，选择看上去、听上去最好的人选，带领大家走向更好的未来。

用真诚与沟通能力打动大众

有这条创始人通道的人,若要实践理念,一定要勇于分享,投入辩证与讨论,如此一来,他们的意见才能更清楚地被听见。这里所说的领导才能需要有机会被赏识、被看见,他们需要大量跟随者,否则空有理念,没有机会实践的话,根本毫无意义。而他们是否能吸引众人跟随,有很大的因素取决于个人的语言沟通能力。他们越能清楚表达自己,将意见背后的脉络、推演的逻辑,清晰无碍地陈述出来,明确传达其逻辑与背后的真理,便越有机会获得大众支持,得到实践的契机。

他们叙述自己的理念时,真正打动大众的,除了清晰的逻辑,最难得的是自然流露的真诚。有这条通道的人若真正活出本质,通常思考的重点不会落在自身的利益上,而是全体大众的福祉。他们若是以服务之心出发,就能在无形中发挥巨大的影响力。

居里夫人说过:"人类需要梦想家,梦想家醉心于某种事业,无私去发展,无关乎物质利益。"她活出了自己所说的话,短短一生,贡献良多,连爱因斯坦都说:"在所有知名人物中,居里夫人是唯一不被荣誉所腐蚀的人。"她的确是活出了这条创始人通道的精神,成为领导力的最佳典范。

> **给这条通道的人的建议**
>
> 请耐心等待，等众人辨识出你的能力和才华，邀请你出来领导。在等待的时候，请加强自己的语言表达与沟通能力。并非要你舌灿莲花，或者练就三寸不烂之舌，而是能将你内心的逻辑一一陈述表达清楚，让各个年龄、各种受教育程度的人都能了解。等到被大众邀请出来诉说理念时，你才能辩才无碍地将自己的理念表达出来，吸引到坚定的追随者，不顾一切地追随你，一起去打造更好的世界，让理念得以实践。

通道名人：居里夫人、托尼·布莱尔、哈里森·福特、曾雅妮、史蒂芬·斯皮尔伯格、简·奥斯汀、英格玛·伯格曼、凤飞飞、波诺

| 9—52 | 专心的通道 |

专注的力量，引导众人聚焦的能力

定义

这是一股来自生命底层、极为专注的力量，擅长用来集结众人焦点、集思广益、思考问题症结，才有机会改进或创造出更好的运作模式。抗压性强，面对压力反而会异常沉着冷静，当专心一志处理某事时，精神非常集中，能专心审视所有细节，从中理出焦点。当他们决心投入某件事情时，能为所属的群体指出共同的焦点与方向。

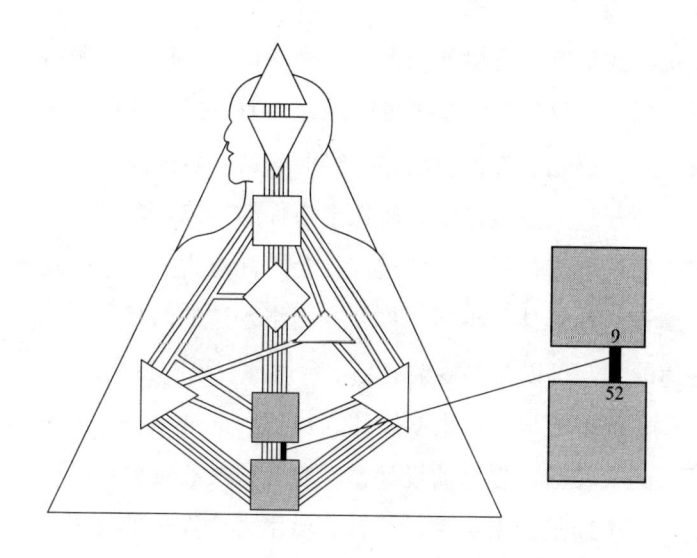

专注是为了改善社会事务

这条通道的人能专注处理细节，找出事件的问题所在。当繁多纷杂的外在讯息全部涌进来时，他们可以不动如山地分辨出哪些讯息是关键、哪些讯息是噪声，并从中爬梳整理。在既有的运作模式中，试图理解、抽丝剥茧地找到出错的原因。同时，还能将大众的注意力聚焦在此，能集众人之力，共同关注并改善问题。

他们反复检视、观察、注意所有藏在细节里的魔鬼，为的是找到一套放诸四海而皆准的模式，或者为了改善这

专注的力量，引导众人聚焦的能力

套模式，找到其他行得通的方式。换句话说，这是一条必须运用到社会议题与大众事务的通道。有这条通道的人一旦关注某个议题，如流浪动物、官商勾结、食品安全等，就能聚焦并从大量信息中，爬梳出事件的始末、环节、关键点与解决之道，并吸引周遭与社会的注意力。以前，这是专属于新闻媒体的特质，如今在网络发达的时代，有这条通道的人，可以有更多渠道与平台发挥自己的特质。

有特别多的记者与大众媒体人员都有此通道，一来是此通道的人若活出自己的设计，一定会很关心社会议题，并试着从中理出始末头绪；再者，借由大众媒体的传播，他们关心的焦点会引起社会注意。他们的特质就是聚焦社会议题，吸引所有人关注，让问题因此得到修正。他们能不动如山地停留在某处，挖出更多细节，审视原本的运作为何出错。他们检视所有事实，逻辑性地罗列线索，最后建立出一套他们认为得以运作的方式。

专注的能量本身是中立的，把这股能量投注在什么样的议题上，完全出于个人的选择。若选择专注在正面的议题上，大众的注意力就会聚焦在正面的议题上。反之，若专注在负面的攻讦上，那么大众也会一齐掉落黑暗的渊薮。加上这条通道的人多半只能集中火力于一件事上，无法分心多用，说好听些是专注，说不好听就是容易一不小心流于偏执，只能看见自己想看的部分，放错焦点，或者焦点放在某件怪异的事情上。于是，周遭人的注意力就这样莫名被导引至奇怪、偏离轨道或者完全不是重点的事情上。事件永远可以以不同的观点来看，也有不同的切入点能深入探讨。而你，有这条通道的人，究竟把焦点聚集在哪里呢？这是值得好好检视与深思的地方。

聚焦能力强大

魔术大师大卫·科波菲尔（David Copperfield）就有这条奇妙的通道。他最为人所知的是，在全世界无数双眼睛的观看下，让自由女神像消失无踪的大型魔术。而这也是将这条通道特质运用与发挥到极致的呈现。因为在精彩的表演背后，魔术师必须反复而专注地详细检视每一个细节，所有的环节都要仔细确认。哪些可能会出错，哪里可能会被识破，是否有可以变得更完善更好的地方，都要花费心力前后思量，绝不能遗漏任何看似微细的环节。如此一来，才能让整体表演进展得顺利又顺畅。同时，当舞台幕布拉起的那瞬间，之后的每一分每一秒，他都要万分专注地吸引住全场的注意力，就算误导也好，当大众的焦点

专注的力量，引导众人聚焦的能力

被引导到某一点时，往往就会全然忽略私底下正悄悄运作的人、事、物。魔术就是一场声东击西的游戏，魔术师对此尤其擅长，众人必须目不转睛锁定他所导引的方向，才能让表演完整又圆满地展现出来。

除了魔术师，媒体的运作说穿了，不也是同样的道理吗？媒体是最大的聚焦器，它引导社会大众聚焦在某个特定的议题上。此时此刻，追风追雨声势浩大，一旦风潮过后，突然同样的议题再也没人在意了。回头再看，社会大众有如大梦初醒，开始觉得自己之前所关心的一切，说穿了还不就是一些奇怪的事情，或是讨论名人八卦，或是跟着流行失心疯地失去判断力，让周围人宛如被洗脑催眠一般，莫名对某事某人狂热不已。

有这条通道的人因为聚焦力量强大，他们对事件的关注，都必然有其影响力，影响范围大小则取决于此人是否活出自己设计的精髓。格局或大或小，小则在公司揪团，导致整群同事不务正事，花了一整个下午在采买，大则扩展至大卫·科波菲尔，施展一手巧妙的魔术，吸引全世界关注。当然我们绝对不能漏掉同样也具备此条通道的乔布斯，当乔布斯生前每每发布苹果新品时，他的一言一行都宛如有种磁铁般的魔力，让我们每一个人都紧盯着电视。不仅是苹果所推出的新商品备受瞩目，掀起风潮，引发极度热烈的疯狂讨论，他的存在、他的愿景、他的风采也都是众人聚焦所在。他所在意的，让大众为之疯狂，这就是这条专注的通道发挥到极致的最佳佐证。

若专注在自己的事情上，则易钻牛角尖

专注是一股难得的动能，专注的当下，压力与时间仿佛再也不存在了。有这条通道的人天生耐压，就算来自外在环境的压力排山倒海，他们都能不动如山，进入某一种心神凝聚的状态，冷静而仔细地研究诸多相关细节。无形中，也就引发了更多人进入他们所专注的世界里。

毋庸置疑，专注的确威力很大，但是请好好善用这股力量。若选择只看自身不足的地方，或深陷负面情绪，只专注找自己麻烦，就会特别钻牛角尖。如此一来，原本专注的特质将转变成完全动不了的卡关状态，反复不停专注检视自己哪里有问题、哪里出错。但此刻偏偏容易放错重点，专注在奇怪或者错误的地方，不断"鬼打墙"，不管怎么检查审视，都得不到正确答案。

> **给这条通道的人的建议**
>
> 专注的特质具有巨大的影响力,但请用在社会议题或大众事务上。不管是什么讯息,只要你内心对之有所呼应,就可以是你专注的议题。在现今网络发达的年代,你本人就是一个强力放送台,请将你善于聚焦、检视细节,并找出解决之道与方向的能力,用在公共事务上,而不是钻牛角尖检视自己私人之事,才不会浪费你的才华。

通道名人: 大卫·科波菲尔、史蒂夫·乔布斯、朱莉·安德鲁斯、张国荣

10—20 觉醒的通道
我爱，我说，我存在

定义

你的人生中，最重要的是爱自己与接纳自己，不管要为此付出什么代价。若能时刻保持对内心的清明与觉察，必然能尊重自己、做自己。

这条通道的特质抽象且出世，只要活出原本的设计，就能因此求存，更高的觉知也将透过你来呈现。关于人的本质、存在的奥义、该如何自我理解的课题，都能在适当的时机，借由别人的提问，完美地表达出来，带给别人力量。

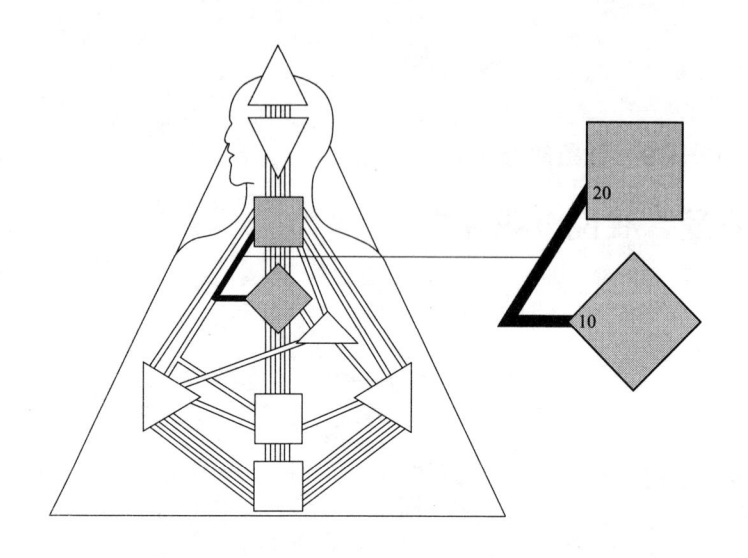

更高觉知与智慧的发送器

　　拥有这条通道的人，借由爱自己、接纳自己、做自己，并在适当时机表达出来，为世界带来觉醒与力量，因此得以求存。有此通道的人，请回想自己是否经常思考自己是什么样的人，以及人为什么活着等问题。特别是童年时，当其他小朋友忙着玩耍游戏时，这条通道的小朋友在某些时刻，会突然沉浸在与自己年纪不符合的大哉问里，搞得父母与老师一个头两个大。他们思考这些问题，是希

活出你的天赋才华

望借着了解自己,好知道如何做自己。他们的"做自己"并非意味哪些特定的理念或作为,而是认知到自己是怎样的人,如何以自己目前的形体,过完一生。

做自己对他们来说很重要,当他们真诚地接纳自己、爱自己,每个当下都是觉醒的,他们就等于活出禅意与佛陀的本质。

所谓的"灵性",指的并非宗教信仰或者上教堂等任何特定的形式,而是意识不被俗世种种外力干扰,不因贪嗔痴让原本无一物的明台惹尘埃。这是这条通道之所以能"求存"的原因。人类活着并非只是满足生理上的需求,人不只有追求物欲、物质成长的需求,也有灵性与精神层面成长的渴望。人也想理解自己与他人,想知道如何能更快乐、超脱物欲、更有觉知地活着。所以觉醒是一种能力,这便是这条通道为世界带来的贡献,他们好比发送器,借着说出口的话传递更高的觉知与智慧,好让这世界得以接收。

当他们说出内心想法时,自己往往也会对说出口的话语非常惊讶。借着他们的语言表达出的智慧,先前并不存在,是在问题出现时的一瞬间冒出来的,借着语言被他们带到世界上来。换句话说,这条通道的人往往是处于两个极端:当他们开口表达时,他们是觉醒的;在他们表达前，他们是沉睡的。但是并非所有这条通道的人都能回答出觉醒的答案，这只有当他们是处于爱自己的状态下，他们才能宛如"苏醒"般传递真理与觉知的智慧。

等待邀请，展现自我觉醒的独特性

这条通道的人必须等待别人辨识出他们的智慧，并邀请他们回答问题。他们在当下的情境，说出口的话，一方面会让别人发现，他们是如此独特而觉醒的人（像是众人皆睡他独醒）；另一方面，他们此时说出口的话也定义出他们是怎样的人。他们表达出来的话语往往很独特，也很个人化。如果不是在被提问、被邀请的状况下说出，容易招致反感或批评。

知名影星、慈善大使奥黛丽·赫本（Audrey Hepburn）有这条通道。姑且不管她的生平和荧幕上的成就，先来看看她说的话呈现出她是怎样的一个人吧：

"我喜欢粉红色，我相信大笑是最好的减肥方式；我喜欢亲吻，而且还要亲很多次；我相信在遇到坏事情时，人总是要坚强；我相信快乐的女孩就是最美丽的女孩；我相信明天会是崭新的一天，而且我也相信奇迹会出现。"

在你眼前是否出现了一个清新、坦率、忠于自己，而且能说出自己需求的女孩呢？赫本还说出了这条通道的关键句：

"我不认为自己是个偶像，也不在乎其他人的看法，我只是做自己。"

做自己，才能带来觉知

所以赫本一生了孩子就退隐，长时间隐居瑞士。她的确不在乎别人对她的看法，宁可为了自己与孩子活着。她知道她想要的是什么样的人生，自己是什么样的人，世俗的名声利益对她来说根本不重要，更遑论对她的看法。这条通道的人如果活出原本的设计，必然对于"做自己"有其独特的看法。赫本再次出现世人眼前时，在影星身份之外，她多了一个更活跃的角色——联合国儿童基金会亲善大使。因为童年的贫穷经历，赫本很希望能改善贫穷地区儿童的状况，因此她经常奔波各地，亲自去当地探访儿童。所以当她说出："一个女人的美不是只有外表，真正的美丽是灵魂。"我们听了会深深地觉得，别的美女恐惧迟暮，但赫本老了，却还是优雅美丽到令人屏息。她真的像她所说的话一样,她的美,是灵魂散发出来的美,是灵性的升华、超脱物质的美,而这正是这条通道希望带给世界的真理。

赫本不同时期说出的话,定义了她各个阶段的面貌。我们借由她的表达,有时拥有成为更理想女性的觉知,有时得到力量,有时得到安慰,无须虚假地活着。她的一生和她说的话,让世人看到,做自己可以发挥出什么样的力量,凭此得以求存,并带给世人觉知。

给这条通道的人的建议

这条通道的人要借由大量的表达,才能将内在的觉知带到世界上来,也才能让别人因你而理解并得以觉醒。但若没被提问,请不要贸然发言,否则容易被认为是异端分子。如果你们爱自己,由衷地接纳自己,时时活在当下,就能在正确的时机,遇到看见你才华与智慧的人,让你内在的真理与更高的觉知得以被听见。

通道名人:奥黛丽·赫本、马克思、阿基师

10—34　探索的通道

虽千万人，吾往矣

定义

源于对生命的爱，信任自己内在的声音，不管这声音在别人眼中有多么疯狂与不切实际，都遵循自己坚信的信念过生活。"虽千万人，吾往矣"，做自己真心热爱的事情，当你相信自己的人生非如此不可时，真正的力量才得以展现。

这条通道的人若能真正接纳自己、爱自己，臣服于自己真正想前往的方向，必会从内在涌现无穷的力量，来抵挡外界的阻挠，活出独一无二、真正的自己。

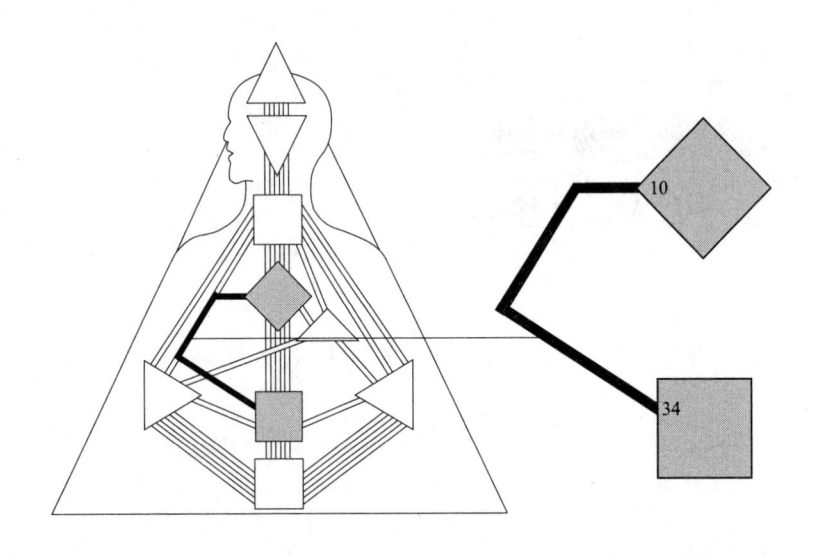

坚持做自己的女神卡卡

装扮奇特、发言惊世骇俗、才华耀眼……有很多形容词冠诸流行音乐天后女神卡卡（Lady Gaga）身上，但是，她真正让全球粉丝为之疯狂的理由，应该是她彻彻底底、完完全全地勇于"做自己"吧！她不掩饰身材的不完美，她自豪于自己的独特与古怪，她挺身捍卫同性恋，长期关注弱势群体。她不讳言求学生涯时遭受同侪们指指点点，认为她是个不折不扣的天生怪胎，甚至对她展开霸凌，至今阴影无法散去……

活出你的天赋才华

现在的女神卡卡已经成功地以音乐征服并震撼了全世界，但是，当我们再度回到起始点，回到当年那个史蒂芬妮·杰尔马曼诺塔（Stefani Germanotta）时，当时的她还没蜕变成女神卡卡并大放光亮。她在以严谨著称的天主教学校上学，是个出身富商家族的千金小姐，生在富裕家庭，接受良好教育，她念书时古典音乐成绩优异，还没毕业就得到纽约大学艺术系的入学许可。她知道音乐是自己一辈子的梦，满心渴望有朝一日，能成为当代流行音乐创作者与艺人。但是她也很清楚，自己的长相与身材并不特别突出，既然一开始，无法单纯以音乐吸引众人，那么，何不出奇制胜，干脆恣意妄为，做些全然不同以往艺人的举动呢？

　　她决定反向操作，"做别人没做过的表演"，她穿着怪异暴露，但老实说，当时连她自己都不知道，这些表演与她对音乐的理念有什么关系，真的能让她迈向成功之路吗？她开始边唱歌边跳舞，甚至变本加厉地开始脱衣、穿着暴露演出……她选择走了一条前所未有的路，这让她顺利吸引了众人的注意力，没多久就一举打开了流行音乐的大门，但同时，她的举动也一度让父女关系面临决裂。（哪个爸爸能忍受自己女儿好好的千金小姐不当，居然穿着丁字裤唱歌跳舞呢？）

虽千万人，吾往矣

坚持自己的信念,以行为走出独特之路

女神卡卡以她亲身的经历,完全说明了这一条探索的通道,是如何按照自己的信念过生活的。就在峰回与路转之间,跳脱了众人既定的信念与框架,神奇地走出了一条截然不同的独特道路。一般人习惯眼见为凭,借由经验值来判定一切。在她之前,大家连想都没想过,也丝毫无法预知这样竟然也可以走出一条繁花盛放,成果丰硕的道路。

这多么像是每个划时代的创新出现之前,众人受限于狭隘的认知,而完全无法理解拥有这条通道的人所说的话,无法看见他们所看见的远景,无法明白那执拗到底、虽千万人吾往矣的孤独与坚持里头蕴藏了多么强大的一股力量。那股强韧的生命力,宛如种子萌芽之后,拼命朝着光的方向,吸取任何一丁点儿的水与养分,不顾一切地猛力生长。而事实上,这条通道让世人理解的方式,也不是靠口才,而是靠自己的行为,一步一脚印地将路完整走出来。那一刻,大家才会恍然大悟,将嘲笑转化为尊敬,并奉为典范。

这条通道的人并非叛逆,他们只是无法按照世俗的想法过生活,所以容易给人"不听话"、"难以管教"的感觉。因为不管别人怎么说,他们就是坚持要以自己的方式来,而他们的方式往往跌破众人眼镜,所以并不意外,在

坚持人生道路的过程中,他们容易受到打压。就像一开始女神卡卡的父亲与她断绝父女关系,她不断被周围人拒绝,以至于后来唱片大卖时,连她自己都不敢相信。

因为没有放弃,就有机会,因为还没放弃,就不会失败,顶多是还没成功罢了。就算孤独也好,忧郁也罢,这不就是蜕变必经的过程吗?没有放弃的女神卡卡如今已经清晰找到自己的定位:"把摇滚乐精神融入流行音乐;把时尚、科技、流行文化都放入表演中,再加以商业化。把这种戏剧化的概念诠释给大家。"

现在,全世界都看见了她,看见她耀眼得闪闪发光。我们不是借由她说的话,而是借着她的表演、她开拓演艺事业的方式、她彰显自己的角度来看到这条通道。她不仅以歌艺表演展现了她的音乐理念,也广泛传达了她的意见、她的观点以及她各种独特的看法。人们喜欢她,不只因为她的歌,还因为她这个人是如此美丽地活着,坚定又勇敢,坦诚展现自己的全貌,并且完完全全表达出来。她成了最好的激励范例,启动了来自四面八方的众多歌迷,让他们也开始愿意拥抱自身的独特与怪异,释放原本禁锢自己的诸多限制。大家相信了,就算有棱有角也可以在这世界有一席之地。

大千世界会如此精彩,就是因为每个人都可以不一样,

虽千万人,吾往矣

都可以做自己。这不就是这一条通道所带来的启发吗?

请你发亮,以你的方式、以你的独特,请你爱自己,坚持自己的道路,继续一直走到底,以你的生命去演绎你所渴望与坚持的美好,这才是真正爱自己的方法。然后就在无形之中,你也将引发别人内在的力量,激发更多人也开始相信,愿意好好爱自己,接着奋不顾身地朝着想追寻的道路飞奔而去。

以自己的方式定义自己

这条通道对世界带来的神奇启发,不见得是个人在世俗的成就,而是当他们走到底,经历了所有的过程后,得以彰显的一切。这里头蕴含的坚持与力量,就是"虽千万人,吾往矣"的真义。若真实呼应内在的渴求,踏上众人原本都不看好的坎坷之路,内在会时时涌现一股巨大的力量,披荆斩棘,威力强大无比。

这就像女神卡卡虽经历过霸凌、父亲的不谅解、刚出道时屡屡被拒绝、成名后广受争议与批评,但她依旧能坚定自己的心念做自己。她说:"我不会变成你想要的样子!"而每张专辑的概念仿佛都传递了她真正的心声:

"所有一切都由自己定义，因为没有人能定义你是谁。"这就是探索的通道，这是一个很顽固很坚强的设计，活出自己时，内在的力量好强大，足以抵御外界的诸多打压。但相反地，若你具备这条通道，却对以上描述毫无呼应，极有可能你根本没有好好善用或过度压抑着它，日积月累，这股强大动力将会反扑。长期不被理解或压抑的结果，就是容易躁郁，更甚者会涌现自杀的倾向。

给这条通道的人的建议

走上自我追寻的道路时，你可能觉得自己太过自私，但请不要为此感到罪恶。别人也许对你的行径不表认同，你无须在意。接受孤独并不可怕，反而能为你带来充沛的创造力。开创人生的道路上，尽管路途崎岖难行，没人知道何处是尽头，但是，如果你知道现在所走的每一步，都呼应自己的心，那么，终会有坐看云起时的那一天。这种真实活着的感受，远比世俗的成就和成功来得更珍贵。

通道名人：女神卡卡、阿基师、凯西・艾佛列克

虽千万人，吾往矣

10—57 完美展现的通道

让美透过我来展现

定义

这条通道的人只要顺从直觉,源于内在的喜悦,将美带来这个世界,经由创造出美的事物,便能找到求存之道。他们借着反复修缮,创造出更好、更完美的事物。源于对自己的爱,他们的举止行为都充满美,充满创意。

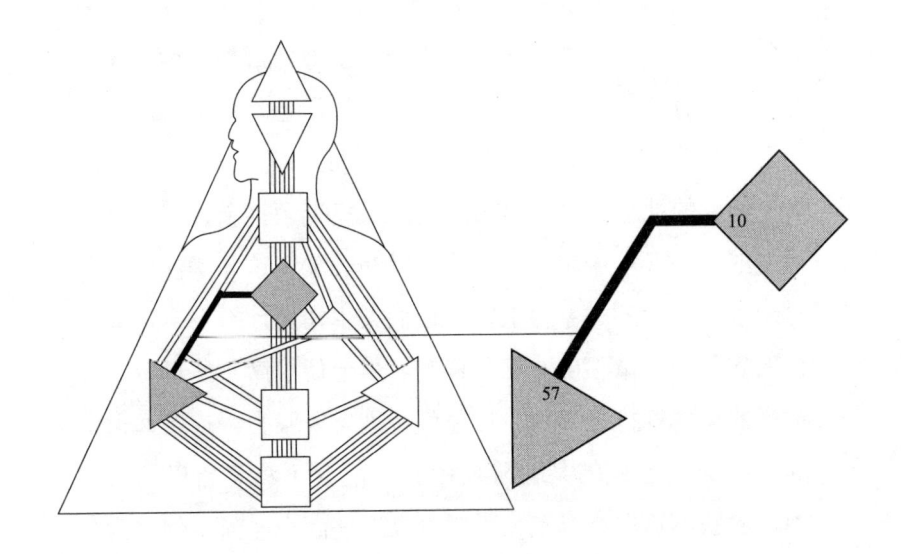

美是信仰，也是求存之道

这是一条因为美而找到求存之道的通道。为什么美会跟生存有关呢？请想象身处于远古时代的猎人，他在森林中既要躲避种种危险，又要成功猎得猎物，好求得生存。这条通道象征善于安排工具、穿着得宜的猎人：他不会穿着花俏或不合脚的鞋子；配合环境气候与外出的天数，衣物要能御寒，也不能太笨重；他身上弓箭、小刀、打火器等工具，如何安排放置，让他能以最顺畅最有效率的方式，在关键时刻逃避危险，迅速猎得猎物。这条通道直觉

让美透过我来展现

力强，天生就能察觉在任何环境中，要如何调整行为，才能符合生存所需。所以他不会有错误的举止，他身上的一切配备都简洁而必要。因为如此，他得以生存。

如今的社会，具备这条通道的人已无须打猎，但这条通道的人在环境中求生存的能力没有丧失。这才华演变为对于人与环境的关系很敏锐，他们天生知道什么场合该穿什么衣服，"像不像，三分样"。当他们出席某些场合，适当的穿着打扮与举止，让他们特别有说服力。这条通道的人在成长过程的某些阶段中，可能会不满意自己的长相：皮肤不够白、鼻子太大、身高不够高……当他们因为爱自己而接受自己，就能了解怎么装扮最能放大自己的优点，隐藏缺点，甚至是让缺点变成优点。而当他们爱自己，发展出自己的独特品位，不在意世人眼光时，他们会特别醒目。他们习惯于美，总是很自然地沉浸在美的空间里，美对他们来说是一种信仰。

将美的事物带到世界上来

这条通道的人充满创意，他们经由反复修缮，让一切运转顺畅，将美的事物带到世界上来。日本传统民宿与旅馆"一泊二食"的设计，相当符合这条通道的人会做的规划。这样的模式让人在旅途中不需要烦恼住宿和早晚餐，白天有充分的体力和时间在外游玩，晚上可以好好休憩。有些功能性很强、而设计极简的生活用品也很符合这条通道的人会做的设计。

这条通道的人，会重复修改，让物件的设计与空间的动线，臻至完美。为的是让人们处在这样的空间环境中，非常舒畅，可以在工作中、生活中都处于最理想的状态。这条通道盛产园艺家、服装与空间设计师。他们对于如何装扮别人的外表与装置空间，特别敏锐。这就是这条通道为世界带来的贡献。

他们容易从事与美有关的事物，不管是完美呈现空间与人的关系，或者是在空间中完美展现自己。现代两位知名舞蹈家玛莎·葛兰姆（Martha Graham）和碧娜·鲍许（Pina Bausch），可说是这条通道将美带来世界的代表人物。葛兰姆从简单的收腹运动，发展出独特的动作风格。而碧娜·鲍许的作品，"重复"是非常重要的结构成分。她的大型多媒体制作网罗了精巧的舞台与仔细选择过的音乐。这两位舞蹈家同时也是编舞家。身为舞者，她们经由反复练习调整，透过自己的身体呈现出美，诠释每一个美的线条与律动。身为编舞家，她们透过作品呈现美的定

让美透过我来展现

义。人在空间的移动，音乐、灯光、服装与空间都要兼顾，她们也必须在作品中，让别的舞者可以表达出她们想象中的美。她们借由创造美而生存。

"爱自己"才得以生存

"爱自己"是这条通道的人最重要的功课。他们如果爱自己，就能基于直觉的本能，找到最适合自己的方式，将美带来世界上，并因此让别人也能在充满美的环境中生存。但他们如果忽视自己的存在，或者否定自己，总觉得自己不好看、不美，穿着打扮老想将自己藏起来，他们的求存本能也会沉睡。如此一来，当然不可能发挥创意、表现自己，更遑论让自己在环境中做最适当的表现。他们反而可能举止笨拙突兀，如此一来，更不可能帮别人打造或营造美的环境。

> **给这条通道的人的建议**
>
> 　　当你发现自己有这条通道，而你的确爱自己，喜欢与美有关的事物，并协助别人生活在美之中时，恭喜，你借由将美带给别人，让自己求得生存。
>
> 　　但如果你与美的行业无关，可以想想看自己生活中是否有与美有关的兴趣或爱好？舞蹈、绘画、香氛、园艺……请在生活中找到你真心喜欢的事情，这是一条非常以自我为中心的通道，只要你真心做自己喜欢的事情，沉浸在其中，你就能在里面找到喜悦与和谐，并因此创造出美的事物。耐心等待别人邀请，你的才华终有一天会被看见。

通道名人：玛莎·葛兰姆、碧娜·鲍许、凯西·艾佛列克、曾雅妮

11—56 好奇的通道

好奇心是王道，说故事威力大

定义

你有强烈的好奇心，想体验新事物，你的人生就是一段追寻的过程。过程的体验远比结果更重要，请放下对目标的执着，重点不是走到你预定的目标，而是尽情体会这段精彩的旅程，满足好奇心，也要玩得很开心，就能将自己在沿途看到的、听到的经历，化成精彩的故事，借着说故事的方式，为周围的人带来刺激与启发，并从中学习。

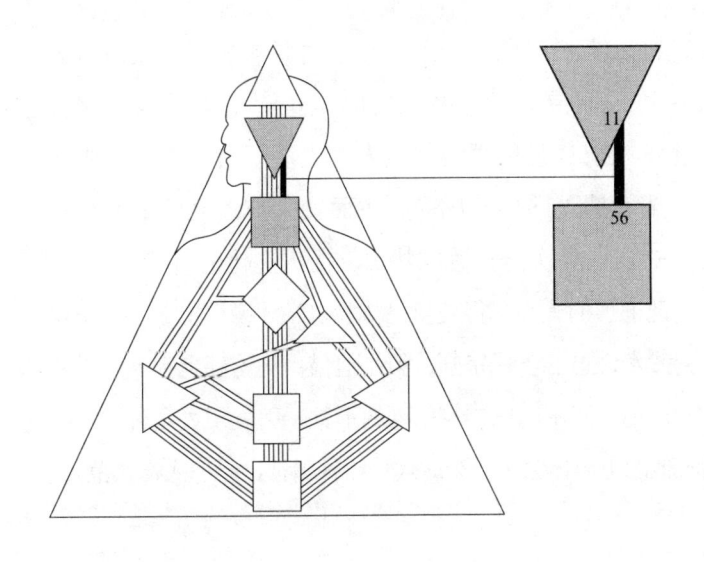

说故事来传递各种体验

有这条通道的人很擅长说故事，他们好比古时候的吟游诗人或说书人，四处游历，云游四海。旅行是累积人生历练最好的方式，他们沿路在小茶馆、小酒馆说故事，同时搜集更多故事。他们是如此擅长以语言、影像、表演或任何传播故事的方式，传递各式各样的体验，而这体验不见得是他们自己的亲身经历，有可能是他们之前所看到、听到的分享，或众人过往的经验。

他们像是活生生的体验型录，以自己的生命承载各式

好奇心是王道，说故事威力大

体验，行云流水般说出一个又一个精彩的故事。故事本身不仅有趣，也传递了某些特定的讯息。借由说故事来传播，让没有亲身经历过的其他人，也能明白、了解其中的道理，或者感受同样的感受，进而让人与人之间日后得以在更高的意识层次上，达成共识，促进进化的可能。

有此通道的人不见得要自己体验过，才说得出故事。王家卫不会武术，更非一代宗师，但是他借由拍这部电影《一代宗师》，讲述了武术的精神与宗师的形象，引发了大众讨论。我们借着他的电影体会了一个时代、一种精神、一种人物典范。

因好奇心持续探索

有这条通道的华特·迪士尼（Walt Disney）一生都非常有趣。他从小爱做白日梦，充满好奇心，老一边上课一边涂鸦、画漫画。他对于战争有所幻想，一心想入伍，但始终未能目睹真正的战场，后来因为被动画未来发展的潜力吸引，投入大量时间学习。终于，他创作出一个以老鼠为原型的卡通形象，这就是风靡全世界的米老鼠。以米老鼠为起点，华特·迪士尼为我们说了好多故事。他发展出以米老鼠为主角的系列电影，接着唐老鸭诞生了、三只小猪、白雪公主与七个小矮人……一部又一部电影，一个又一个鲜活的卡通人物，亲切又美好地从电影的荧幕里跳出来，与我们同在。迪士尼说过："我并非给孩子拍摄电影而已，我拍的电影是献给我们每个人心中的孩子，不管我们是六岁还是六十岁。"这也就解释了我们为什么即使长大成人，依旧对迪士尼的世界迷恋不已。热爱迪士尼乐园的人群，早已超越年龄限制。我们为什么爱迪士尼？因为这个冰冷的世界需要故事，大人小孩都爱听故事，以故事串联，我们似乎开始感受到彼此的心跳，心可以靠得很近，就算相隔千万里，超越时空都能欢聚，在灵魂的层次紧紧相依。

对这条通道的人来说，重点并非最后到达了哪里、成就了什么，而是如华特·迪士尼所相信的："我们保持前进，开拓新的领域并做新的事情，因为我们有好奇心。"迪士尼童话王国起始于一只老鼠，而这只老鼠则起始于一个人探索世界的好奇心。好奇心幻化成一块美丽的魔毯，承载我们说不清也说不尽的奇异幻梦，在无垠的时空中尽情翱翔，你看见了吗？当太阳升起又落下，挂在夜空里的月亮与繁星，如银铃般掉落了一个个故事，你准备好要聆听了吗？你准备好与我们一起进入这不可思议的小小世界，自感官向外延伸，开始以无止境的好奇心，一起来了解这个世界了吗？

好奇心是王道，说故事威力大

有这条好奇心通道的人，真的很容易被许许多多、大大小小的事情所吸引。他们总是想知道更多，他们总是热心想分享给更多人，他们在有形无形中传播讯息，而他们散播讯息并没有特定的目的，却常常无心插柳柳成荫。只能说这世界以我们意想不到的方式运作着，你永远不知道一个故事会在何时或何处萌生枝芽，为荒芜的人心带来无穷的启发。他们宛如一边吃水果一边漫游的熊，无意在沿路丢弃了果核，却因而让果树生长的范围延伸至远方。

传播，才能建立共识

人人都爱听故事，这世界也需要故事。说一个故事的时间，看一部电影的时间，不必说教，更不必辩证，就能让我们对某个特定的议题，产生共鸣。故事不过是教育的另一种形式，除了传递庞大的知识体系给下一代，我们也能借由故事的传播，期待人类得以在最短的时间内，不管在思考认知或情感体验的层面上，都能达成共识，而最终人类进化的历程可以不再重蹈覆辙。

当有这条好奇心通道的人，透过一双好奇而新鲜的眼睛看世界，将自己发现到的新鲜事，透过消化、转化与传播而广为人知，生活就变得异常有趣起来。他们说，我们听。他们说的故事、散播的讯息，意义为何，并非由他们自己界定，而是由听到、看到、感受到的人来诠释。

同样的故事，每个人的感受都会不同，有的人可能是看到自己人生的片段，有的人开启了眼界，有的人一头扎进去钻研。但不管如何，这条通道的人只负责成功说出好故事，引发人们共同的关注，引起刺激与启发，让更多人同意并建立共识，好让大家朝新的方向前进。

给这条通道的人的建议

你有源源不绝的好奇心，想探索这世界。请放下对于目标的执着，就像网络上的讯息分享，无法预期效果与结果一样。在说一个好故事的过程中，享受分享这过程，在向外探索的途中，你会有更多新的想法，这些想法都将为我们带来重要的启发和影响。

通道名人： 华特·迪士尼、史景迁、奥利弗·斯通、大卫·科波菲尔、海伦·亨特、比尔·盖茨、王家卫

12—22 开放的通道

创造流行风潮，席卷全世界

定义

你的人生要随着感觉与热情往前走，虽然强烈起伏的情绪可能对你造成困扰，但它却是你动力的来源。你的情绪充满感染力，有时很迷人，但也可能很吓人。不管是哪一种，都会牵动周围人的情绪，为人群带来巨大的影响。

尽管心血来潮的时候，很容易冲动做出决定，但请你对自己多些耐性，学会等待，等自己情绪高低起伏的周期走完，才做出决定。不再压抑情绪，而是学会坦然面对，并好好尊重它，与情绪的高低起伏和平共存。

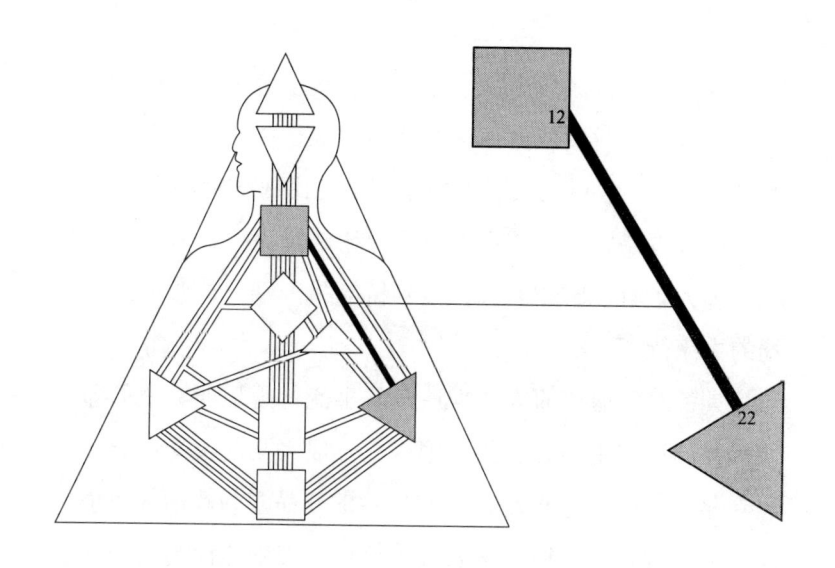

跨越鸿沟，创造流行的奥利弗·斯通

有这条通道的人擅长创造流行，他们能让某个事件从小众品位跨过鸿沟，超越性别与年龄甚至国籍，被所有人接受，然后爆发成为大众流行的风潮。他们能将原本乏人问津的人、事、物，以最容易理解与接受的方式介绍给大众，轻轻松松化繁为简，让大家都能朗朗上口。

《龙卷风暴》一书中指出，在品牌、产品或技术广为流传、蔚为风行之前，一开始，流行往往始于一小群我们称之为技术狂热者的人。他们可能深入并专业，却像是活

创造流行风潮，席卷全世界

在外太空般，自成一个小宇宙，无法被主流市场或一般消费者理解。这时候若出现某个契机，像是搭建桥梁般的奇妙转折点，比如：更改原本的说法，找到合适的名人代言，又或者是移除了使用者不易上手的障碍等，就有机会让更多人了解，跨越鸿沟，走到桥的另一端，造成风起云涌的大流行。

具备这条通道的人非常适合从事流行娱乐业。他们即使探讨严肃的主题，也能处理得让一般大众能接受。导演奥立弗·斯通（Oliver Stone），他的作品多为政治与战争题材。《刺杀肯尼迪》是公认的佳作，但绝非深奥复杂、难以理解的小众电影。他的三部知名的反战电影被誉为"越战三部曲"，也是非常具有好莱坞取向的院线片。有这条通道的人不管要传递什么讯息，都清楚易懂，有话题可炒作，还能留下余味让人讨论。不管讨论的是男女主角选角、配乐、主题还是其他什么，总之，有这条通道的人绝对会让他要传递的讯息，在第一时间内迅速让人明白，还能造成话题，广为讨论。

充满能量的声音极有磁性

这条通道的人还有一个让人印象深刻的天赋，那就是当他们一开口，其声音语调总能表达出浓烈的情感，具有强大的煽动力，让听众不但感同身受，还能备受感动，为之动容。2013年，奥立弗·斯通拜访广岛，向日本民众发表了一场演说，痛陈日本只是美国的附属，接收美国贩卖的军火。他的中心主旨清楚，内容激烈，声音冷静凝练，却极富渲染力。他根本不是政治家，却将自己反战的立场与理由陈述得令人动容，这就是开放通道的感染力。当他们热烈支持某个论点时，就能以引发情绪的方式，传递他们的想法。让人印象深刻的并非只是逻辑清楚或者声音好听，而是这所有元素组合起来，引起的难以言喻的感动。

这条通道的人对声音很敏感，而他们的声音也很特别，一开口讲话，就让人忍不住打开耳朵，期待听见那独特又充满磁性的声音。如何形容他们的声音呢？那声音里似乎带着某种能量，盛装着情感的动力。除了内容，还有一种难以言喻的独特频率，声调里莫名就能传递一股向外扩散的渲染力。这也就是为什么有这条通道的人，很容易成为歌手、广播人，或从事与声音相关的行业。

创造流行风潮，席卷全世界

起伏强烈的情绪，正是迷人之处

有这条通道的人，内在充满时高时低的情绪周期，情绪在高点与低点时所呈现出来的状态，有极大的差异。情绪处在谷底的时候，整个人可能呈现彻底的孤僻、焦躁不安，完全不想出门，只想封闭在家，与人群疏离。但是，可能只是睡一觉起来，情绪周期却立即从低转高，突然摇身一变成为一个精力旺盛，非常热衷社交，讲话风趣又讨人喜欢的人。别人觉得他们喜怒无常，难以捉摸，其实连他们自己可能都搞不清楚，这来来去去的情绪，究竟有什么道理。

没有道理，却异常迷人。尽管他们情绪起伏强烈，而且难以隐藏；尽管他们容易爱得死去活来，也恨得死去活来，无法低调；尽管他们高兴时是社交动物，在聚会里呼风唤雨，与人为善其乐融融，开开心心将每个人都招呼妥帖。但是，当情绪低潮突然来袭时，他们也可能变得脾气暴戾，看谁都不顺眼也不顺心，时而冲动火爆，时而黯然泪下，充满戏剧化的情绪起伏不定。因为情绪的反差实在太大，他们也常常为此自责，怀疑自己如此难搞，到底是不是个神经病。殊不知，这造就了他们极为强烈的存在感，充满情绪的动力，让他们的存在极为强烈，形成莫名的吸引力,让人着迷。

由于情绪周期的影响实在太强烈了,导致有这条通道的人,在当下往往看不见真实,想法也难免反反复复。若能对自己诚实,去体验每个当下的体验,了解到自己在每个当下的感受都无比真实,让情绪的能量流过身体,不管心情好坏,都请好好观照它。因为你不等于你的情绪,但是你可以学习好好与自己的情绪同在。如此一来,情绪就会与你成为亲密的朋友,转化为一股无与伦比,支持你往前大步迈进的原动力。

这条通道的人若真正活出自己的设计,必定充满强烈的个人风采,不见得是符合大众审美的帅或美,但必定不会平庸,很有自己的风格。他们也多半气质优雅,而这优雅并不只存在于浅薄的表面,更不是端个架子的表象,而是经历了许多是是非非,体验过最激烈的爱与恨、痛苦与快乐、获得与失去……春风得意也好,过尽千帆也罢,拥抱过种种情绪,到最后依然愿意怀抱信任,以一颗开放的心,接受并热爱生命。那是透过光阴淬炼出来,冷静又沉稳的气质,这让他们即使情绪高低依旧,偶有疯狂的行径,却不失其优雅,而这就是专属于这条通道的美好特质,独一无二,如此动人。

创造流行风潮,席卷全世界

> **给这条通道的人的建议**
>
> 尊重自己的情绪周期,若不想社交就不要出门,即使你勉强自己出去,最后还是会破坏气氛。诚实地跟自己的情绪在一起,尽管情绪有高有低,让你上一秒与下一秒的决定可能截然不同,但关键在于,忧郁烦躁的时候,静静等待,兴奋高亢的时候,也静静等待,等自己完整经历了情绪周期的上下起伏,再做决定。请相信你所经历过的每一个事件,都会成为滋养人生的重要养分,最终都将化为生命的力量,要对生命有信心。

通道名人:奥立弗·斯通

13—33 足智多谋的通道
记载全世界信息与秘密的人

定义

你在生命中每个阶段不同的体验,最后都能让你对人生有更深的理解。你感受越深刻,就越能轻松看待生命中所发生的一切,见证自己与他人的生命,记录下所有讯息。独处对你来说非常重要,如此你才能好好消化并整理自己所经历的与听来的事物,沉淀并从中省思,记录并保存下来,传递给周围的人,让众人能鉴往知来,不再重蹈覆辙。

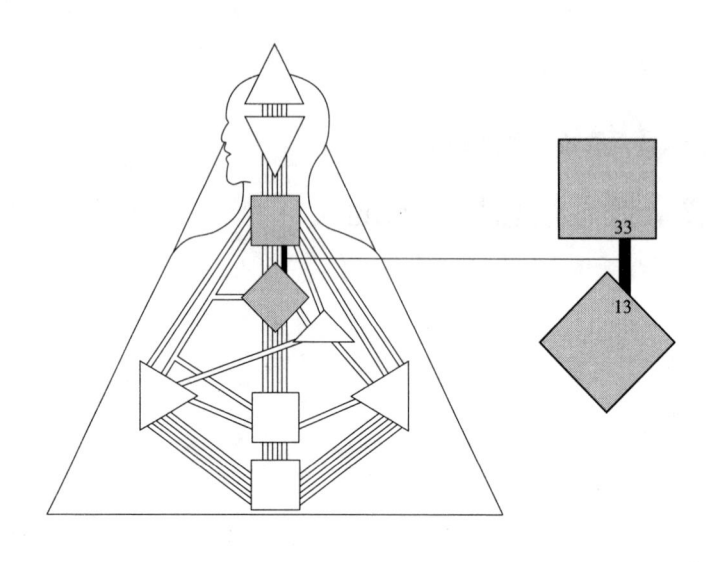

搜集与归纳，凝聚共识

这条通道的原型人物是圣经故事中的浪子：一个父亲有两个儿子，大儿子尽心尽力地管理父亲的牛羊、田地和财产。小儿子要了部分财产后，出外游荡，到达远方，历经了很多事情，最后将钱财全都挥霍完毕，只好回家。姑且不论这个故事在圣经中代表的意义为何，这浪子回头的故事，相当程度上代表了这条通道的特质：他们打破家族传统常规，出外冒险体验，最后回到家，将他的种种经历体验，传递分享给家族中的人。

这条通道的人，如果也有其他行动力强的通道，会自己出外去冒险；若没有，也会吸引到许许多多有丰富体验的人，来跟他诉说他们人生旅途的故事。这条通道的人或亲身经历，或听闻许多故事后，会回到原点，例如上述圣经故事中的家。他们会静下心来，整理汇集，在诸多体验间找到共识，集结出一个可行的做法，好让大家继续往前走。

记录并倒带回顾，好理解许多人所经历的一切意义何在，是这条通道的贡献。人们的体验需要整理归纳，才能凝聚共识，代代相传。如此一来，人类才能进化。就圣经故事中的大儿子和小儿子来说，大儿子是固守家庭原有的价值和做法，他扮演的角色是稳定不变，用旧的模式持续运转。小儿子则是出外经历，让这个家族中的人理解，外面的世界还有哪些做法和模式，他们目前的生活与外界的差距，是否要调整，以及怎么调整。这是这条通道之所以成为"足智多谋的通道"的原因。拥有这条通道的人是因为见多识广，才汲取出智慧。

见证自己与他人的人生，从中提炼出智慧的西蒙娜·德·波伏娃

西蒙娜·德·波伏娃（Simone de Beauvoir）是这条通

道的代表人物。世人知道的她是女权主义者与哲学家，她跟萨特之间交往的关系，以现在的用语来说，是"交往中但保有交友空间"。这对一百年前的两性关系来说，非常前卫。除了萨特，她还交了很多男友，包括萨特的朋友与她的学生。但是，波伏娃有一个情况是大部分的人较不清楚的：她出身富裕家庭，父亲原本希望她是个儿子，且希望将这个儿子教育成理工科人才。因此之故，波伏娃的父亲从小便一直对她灌输"要有个男人的脑子"的观念。父亲灌输的观念，不仅影响了她与萨特的关系，也影响了她对婚姻的想法。她身为女性，不但不认为自己输给男人，反而要比男人更有成就。男女关系上，她也毫不认为自己应该局限于女性终其一生为家庭、丈夫付出的传统角色。

波伏娃的人生像是对父亲的反叛，她也像圣经故事中的浪子，年纪轻轻便出外经历，情场经验丰富。她最重要的作品《第二性》也为女性地位、个性与特质如何被塑型提出了总结。这不仅是她个人的反叛与总结，而是在见证了自己的人生，也见证其他女性的人生后，从中提炼出的智慧，好让所有女性知道自己所处的位置，并知道该如何了解自己，该如何往下走。她从己身经历出发，书写了一部被誉为女权运动圣经的女性历史。

善于聆听，并需要独处

这条通道的角色，的确很像书写历史的人。他们记忆力惊人，可以记得所有发生的一切。一个人能够经历的很有限，但他们可以透过聆听，吸取大量的信息。这条通道的人很像八卦集散地，他们的能量场会吸引很多人，主动跟他们说发生在自己身上的事情与秘密。他们善于聆听，并需要独处，好静下心来，整理出这些讯息和资料背后共同的法则是什么，如此大家才能好好往前走。

发生在他们人生中的任何事情，出现在他们人生中的任何人，他们所听到、见证到的一切，都不是没有意义的，重点是他们是否能从中理出头绪。

这是一条领导众人往前走的通道。他们因为亲身经历丰富，或者听闻太多，所以明了要找到一条绝对的可行之路其实很难。即使找到了也难免有意外与失控，但不能因此就止步。所以，万一他们走的这一条路不是通往绿洲，而是像圣经故事中会遇到强盗的路，他们也会处之泰然，因为这对他们来说，只是又多了一项经验值。

所以，这条通道的领导方式，不只是逻辑上的道理，而是出自真实经历所总结出的道理，因此有血有肉有真实的感受。有这条通道的人，说话让人感觉真诚，是因为那

记载全世界信息与秘密的人

都是来自亲身体验，或他们自己听来的故事，是他们以自己的人生实际去碰撞与经历而得来的人生智慧。他们带领的路有可能行不通，提出的方案有可能被批评不完美，但是你不会怀疑他们的真诚。

> **给这条通道的人的建议**
>
> 你不只是八卦集散地，还拥有可以让许多人向你倾诉秘密的天赋。这是为了让你搜集到足够多的信息，好整理、汇聚成一条可行之路。请你多方探索、多多体验，才能从自己与别人的体验中，汲取到足够的智慧。此外，独处隐居是为了整理资料，请不要耽溺于收集整理，而忘了将自己的智慧跟别人分享。更重要的是，独处是为了理出一条往前走的路，千万不要止步不前。

通道名人：西蒙娜·德·波伏娃、托尼·布莱尔

16—48　才华的通道

十年磨一剑

定义

经由反复不停的练习、修正与学习，终于达到令人惊叹的技艺。你渴望在人生中找到可真心承诺、投入一辈子的志业，沉浸其中，反复练习这领域中的全部细节、步骤等技艺。将最平凡无奇的基本功，操练成千上万次后，让技艺升华为艺术，从学徒变成大师。

若找到一个你愿意全心投入的领域，耐心等待，反复操练，经过岁月、精力、心血的累积，终有一天会在这领域中成为达人。

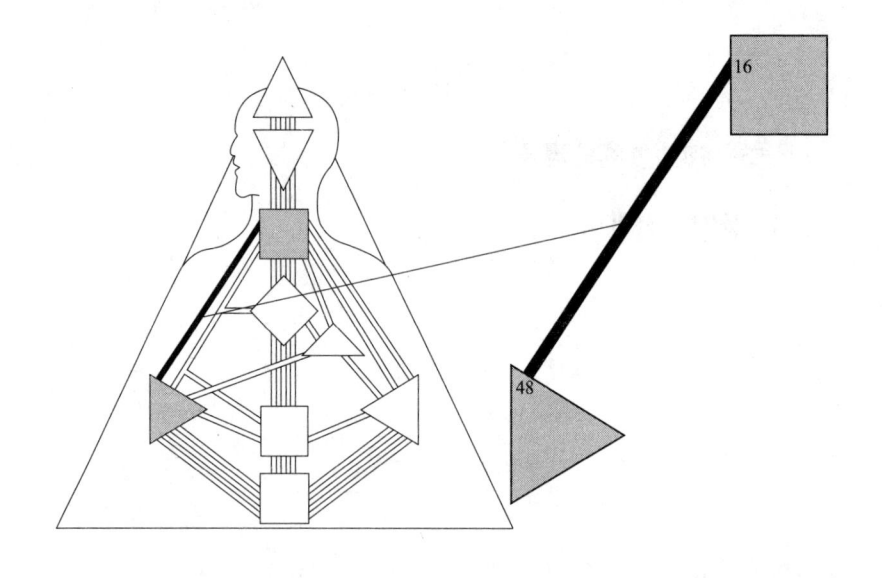

以平凡的毅力创造非凡成绩的梅丽尔·斯特里普

被誉为"地表最厉害演员"的梅丽尔·斯特里普（Mary Louise Streep），是这条通道的代言人。厉害的演员有很多，讨人喜欢的演员更是数不胜数，但梅丽尔·斯特里普从事演艺事业至今三十七年，她已经无法只是用"厉害"、"喜欢"、"演技好"来形容。她得奖次数多得惊人，是目前奥斯卡与金球奖纪录中得奖超多的演员。可以想象的是，她还会继续打破纪录，而她挑战的对象不是别人，只有她自己。艺术家都有其成就的巅峰，但显然梅丽尔始终不停地攀升。

这就是才华的通道。有这条通道的人，一开始时或许不是最漂亮、最突出、最聪明的，但只要他们下定决心投入，到最后他们会超越漂亮、突出、聪明的标准框架，到达世人认为"凡人"难以企及的程度。但是，这条通道的人就是凡人，他们只是凭着铁杵磨成绣花针的毅力和信念，超越想象，化平凡为神奇，一出手看似普通，却蕴藏数十年反复淬炼才可得到的深厚底蕴。

梅丽尔一入行很快就崭露头角，三十年前就已经连连获奖。她是一个态度实际、脚踏实地不浮夸的演员。但如果她就停留在三十年前的程度，可能就只是个好演员而已。她之所以有今天的成就，在于她不满足自己的演技。她早期很受肯定，演员雪儿也说她是精准的"演戏杀人机器"，不管诠释什么角色，都非常有说服力。但也开始有影评人批评她，说她像是演戏机器，很完美却没有人味。于是她开始拓宽自己的选角范围，演了闹剧、动作片、喜剧，反复揣摩各种角色、各种表演方式，以及自己的可能性。为了将戏演好，她甚至学会了拉小提琴。

十年磨一剑

练习千万遍以求达到完美

梅丽尔对自我的要求与磨炼并不是立即见效的。有好几年，她的演艺事业走下坡路，但她持续努力，保持耐心，等待好剧本、好角色，终于让她等到《时时刻刻》这样能发挥其细腻演技的作品。最近几年，她在《穿Prada的女魔头》与《美味关系》中出神入化的演技，简直就是剧中人物走出来。梅丽尔完全展现了这条通道"十年磨一剑"的特质，他们的成功绝非偶然。

这条通道的人如此执着，他们会反复练习同样的技术一千遍、一万遍，以求达到最完美最理想的境界。当别人觉得反复成千上万次没效益太无聊，试图找出更快速的方式时，这条通道的人就是埋头苦练，直到有一天锋芒再也无法被轻易忽略，破茧而出。

从徒弟到大师，技艺升华成艺术

臻至完美的过程很辛苦。一开始，执着于完美，反而落入对形式的执着。吊诡的是，越是完美无缺就越不完美。但若是持续下去不放弃，终有一天，他们将领悟什么是超越形式的完美。练习弹奏一首曲子上万次，熟练到每个音符都准确至无懈可击的程度，但是，这就是完美了吗？这世界上有多少人过于偏执于技术与技巧上的完美，却始终少了那么一点点感觉。那所谓欠缺的一点点，却是技术无法攀达的顶峰，那是自然流露出的情感，是灵魂层面感动人心的瞬间。若无法触动情感，就算表演得毫无瑕疵，离完美仍然很遥远。

所谓的徒弟，所谓的大师，差的只在那一瞬间的心念。若能终于放手，技艺依然透过他们呈现，长久的执着已成无物。此时，无须死守音符必须百分百准确，因为音符早已是准确的，透过长年锤炼的技术，音乐内化成生命振动的频率，与你合一，而情感与技艺也默默交融合一，当技艺升华成艺术，这就是才华通道运作的最高境界。

有这条通道的人极入世，他们才华展现的领域也很实际，通常是值得反复操练的，能让生活质量变得更好的技艺。比如茶道、拳术、舞蹈、瑜伽、厨艺、演技等。这条通道的奥义，就像武侠小说里面的"无招胜有招"。武侠大师闭关，潜心修炼招式，有一天突然领悟出道理。茶道达人同样的动作反复十年，有一天他无意推开门，那瞬间突然领略到无心的寓意，因此顿悟茶道的精髓。往往最基本最简单的菜式，如蛋炒饭，每个人都会做，但却是辨识一家餐厅好坏的关键。同样的动作、流程、招式，经过操演上万次之后，是艺术，也是底蕴。

投入一辈子的时间与精华，反复练习，努力累积，刹那间，过往所学的一切贯穿全身，"无招"是从招式中顿悟出来的心法。真正的大师并非胡乱挥舞，乱无章法，而是超越了原先招数的规范，从此随心所欲，运用自如不逾矩。

在实际层面反复实验与操练，这条通道本身其实很无趣，为了找到最好最完美的方式来呈现，他们不仅耐得住寂寞，还很实在、很稳定，愿意持续下去。若是真心喜欢，他们真的不觉得练习上万次有什么辛苦，反复操练对他们来说是理所当然，是达成完美的必经过程。而皇天不负苦心人，当他们熬过这些必经的辛苦，反反复复，有一天若因缘具足，他们将远远超越自己原本的设定，体验到天人合一的境界。

> **给这条通道的人的建议**
>
> 找到一个你愿意真心投入的领域，矢志不移。当你确认这是自己真心喜欢的志业，请累积这志业领域中的一切基本功。可以在领域中换工作，做不同类型的磨炼，但不要换领域。只要沉得住气，所有的努力终将得到回报。

通道名人： 梅丽尔·斯特里普、厨师安东尼·波登、英格玛·伯格曼、凯西·艾佛列克、大卫·鲍威、张国荣、大卫·科波菲尔、建筑师高迪

17—62 接受的通道

兼顾大方向与细节的管理者

定义

天生的管理者,能为未来找出合乎逻辑的运作模式,或是修改既有的运作模式,使之更为顺畅。非常具有逻辑的思想者,能够洞察出组织里的每个部分是如何交互运作的,侦察出错误点,寻遍所有相关细节与知识后,提出独到的解决方案。懂得如何经营,具备管理的才能,这是许多企业家亟须的才华与天赋。

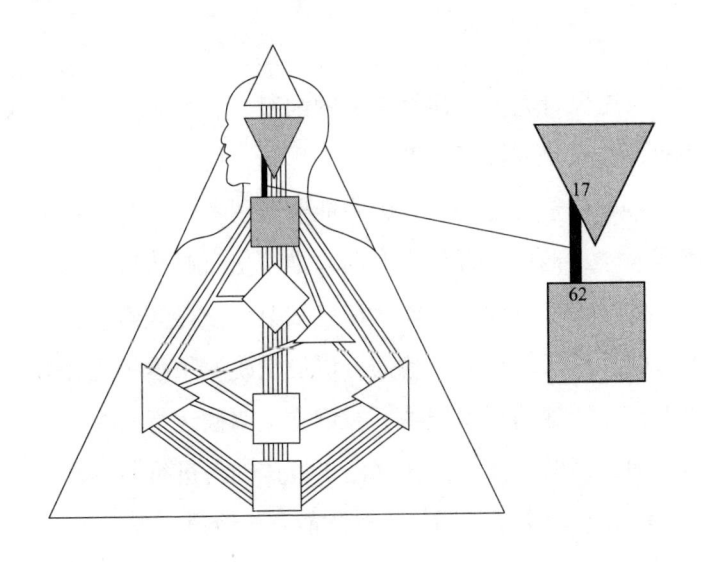

兼顾大方向与细节，天生的管理人才

这是一条关于管理组织能力的通道。有这条通道的人擅长看出大方向，并从诸多细节中，整理出可行的程序和公式，以找出解决之道。他们能建立企业中的标准作业程序（SOP），或者紧急应变措施，好让组织有正确的运作模式。若遇到突发状况，他们也会尽可能在事先设想好应变措施，务求一切都能如计划顺利进行。他们总能从逻辑和事实中，自行整理出一套秩序，找出相对的应变之道，同时也让组织中的每个成员各安其位，各尽其用，从中找

兼顾大方向与细节的管理者

到管理的真谛。

若只注视着大方向而无法兼顾细节,容易眼高手低。相反地,若只是专注于细节,失去远景,则因小失大,格局有限。有这条通道的人,天生能兼顾两者,是与生俱来的管理人才。他们掌握了大方向,推演出所有执行的相关细节,反过来说,他们也能从诸多细节中搜寻线索,推演出未来向外扩张的可能。他们可以说是改变了组织运作方式的人,在清楚的逻辑归纳下,设立了明确运行的规则,整理归纳公司的走向,具体擘画事情该如何进行与推动。这一切就像是铺上了轨道,火车才能顺应轨道行驶。

设立范畴,确立步骤,他们的语言能力佳,擅长以简洁清晰的风格进行沟通,于是组织里的每位成员,都会很清楚该如何配合、如何运作,依据规则行事,重视团队合作,相互取长补短,创造最大的绩效,使命必达。

他们也希望在组织内,每个人都能各有所归,发挥所长。当然前提会以组织的需求为考量,当组织运作顺畅,每个工作者在岗位上工作愉快时,经验可因此传承与累积,组织就能日趋成熟,越扩越大,往下一个更大的方向与愿景迈进。

这条通道的人具备优秀的语言能力,他们能将自己的想法以文字方式清楚精确地表达出来,在其中看见清楚的逻辑推演，而这都是根据翔实的细节与知识，巨细无遗推演出来的结论。也正因为如此，他们所认定的方向，以及接下来该如何执行操作的方式，脉络分明、合情合理，多半能被绝大多数的人所认同。

乔布斯让抽象逻辑转化为执行过程

有许多有名的企业管理者、项目领导者、特别助理、总经理秘书都具备这一条通道，乔布斯就是个明显的范例。乔布斯以他的创意风靡世界，可能很多人会以为他的个人风格强烈，不能作为管理人的典范，但是事实上，身为苹果的联合创始者与皮克斯的创立人，如果光有创意，而无法付诸执行，就没有今天改变全世界的苹果。这条通道的"指出大方向，同时关照细节，以便落实"的特质，就是驱动苹果奇迹的重要动力。

苹果曾经处于破产的边缘，经由乔布斯的整顿，如今它已成为全球最令人艳羡的科技公司。从起死回生到飞黄腾达，他做出了几个关键性的决定。当他重回苹果时，看见内部运作状态复杂混乱，当机立断决定先看大方向，删去无关紧要的项目，大刀阔斧地做出整顿，化繁为简。他说，针对不同用户，我们只需要四个产品。这就是一个非常经典的范例。

同时，坚持细节，也是苹果最让消费者感到贴心的地方。他说过一句很有名的话："谁说我没询问消费者的意见？每天早上我不就对着镜子问这个消费者，问我自己，你要什么？"他亲自参与产品研发，坚持字体排版得细腻美好，外壳的颜色与材质做到让人爱不释手，还有很多贴心而人性的设计。这世界上有很多人热爱苹果，却无法一一说出原因，就是来自细节的巨大功劳。

大胆尝试，不断修正，从日积月累中得出经营管理的智慧。2000年，乔布斯将苹果计算机设计成可连接其他电子产品的更为实用的计算机，并强化外观设计，其中一个原因是为了应对科技泡沫破裂的危机。接着，他缩短产品流通周期，并在租金昂贵的高级地段开设苹果专卖店。这种种不按情理出牌、有违计算机产业惯常的作为，反而让产品大获成功。

这条通道的人擅长让抽象的逻辑变成执行过程，推动事情真实发生。他会找到商业组织与社会群体一起运作的模式，并具有杰出的思考方式，既能抓到大方向，又能不漏掉任何细节，但也不会受限于细节里。不过组织越庞大，细节就越多，就需要他们花更多时间将组织里环环相扣的事实和状况搞清楚，这样建立于上的大方向才会稳固和清晰。

> **给这条通道的人的建议**
>
> 你适合在大企业工作，你的天赋才华应用在观察、归纳组织运作，并提出一套更好的模式上，以便助于公司管理。而在你提出规划前，要掌握所有相关资料与讯息，你提出的意见需要这些大量细节来佐证。
>
> 请耐心等待，让别人辨识出你的才华，等待别人邀请后，再说出自己的想法与意见，众人会为你提出的想法，与你所具备的背景知识和细节惊叹。但若你未经邀请就贸然发表意见，你所传达的讯息听在别人耳里，只会变成诸多烦琐的细节，让大家觉得非常无趣。

通道名人： 史蒂夫·乔布斯、朱莉·安德鲁斯、唐纳德·特朗普

18—58 批评的通道

严苛的背后，满怀澎湃的人类之爱

定义

这条通道天生善于挑出错误，同时提供评论与判断，找到问题的解决方法。他们是完美主义者，对追求完美有着莫名的执着，这股驱动力必须用来服务人群，改善社会制度，而非用在亲密关系，如家人、朋友之间，否则容易因为不断挑剔，而让自己的人际关系陷入困境。永远要记得，完美是一种境界，或许永远无法存在，而批评的艺术就在于对事不对人，其源头必须源自对人类的爱。找出错误并修正之后，这个世界可以变得更美好，这才是这条通道存在的真正价值与意义。

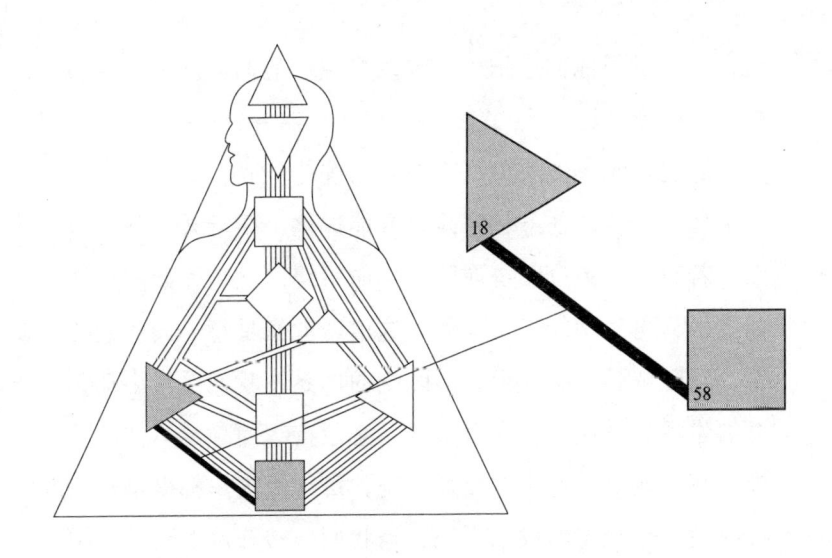

对错误敏感，批评是为了完美

这条通道的人对于错误与脱轨之事极其敏感，一眼就看出事物扭曲，或系统组织中的出错之处。他们可以清晰地提出批评，试图纠正乱象。对他们而言，拨乱反正才是王道，是让这世界重新恢复井井有条的方式。他们待人严格，自然也律己甚严，唯一让他们满意的是这世界完美无缺，毫无差错地运转着。但是，因为这样的概率几近于零，所以他们总是不满足，非常爱批评，而这条通道的严谨与高标准，不仅让他们自己受苦，也明显与周遭格格不

严苛的背后，满怀澎湃的人类之爱

入，别人觉得他们难相处，难以取悦，他们自己也不容易快乐，很难满足。

他们就像人类的免疫系统，系统若稳固，一个人才能从事各式各样的任务和冒险，方能进化。平常看似理所当然，若有一天免疫系统崩毁，生命不复以往，就如同世界崩盘了，再也不能稳定运作。这道理就像是每一天我们活着，默默依赖着这世界许多既定的体系，我们看似平凡无奇的生活，其实建构在众多体系必须持续而稳定运作的前提之下。例如，稳定的交通系统，每一天火车都得是八点准时发车；稳定的供水系统，当我们一转开水龙头，一定会有水；可依靠的通信系统，所以网络可以随时上线，不管什么时间点，人与人之间都能以各种方式相互联系；稳定的金融体系，让老板每个月将薪水转账至员工的户头里等。因为世界井井有条运作着，系统照一定的模式运转着，人们便可安心生活。

社会系统的建构者与纠察员——孔子

这条通道的人扮演的就是社会系统的建构者与纠察员，所以他们必定有其内在遵循之准则。因为火车不能爱开不开，邮局不能想休息就关闭，拥有这条通道的人想在这个世界上建立一套很安全、很稳固，可世世代代传承的模式。他们无法不谨慎不严谨，因为既定的体系与模式万一崩毁，事关太多人的生活权益，岂能轻忽，怎能随便。

孔子是这条通道的代表人物。他批评时局，周游列国，游说各国国王君主，希望得到认同，才能推行他的理念。他不是为了做官或营利，而是心怀大志，有自己治理国家的理想模式与方法，期待能造福天下人。他教育学生，传递儒家之道，看到错误必然纠正，不管是对待学生或君王。他一生希望恢复西周时期的礼乐制度，"礼"是"节制"，也是"理"，可说是所有人做事处世都能有所依规的准则。

孔子或许看起来有点无聊，一点也不像他的学生子路那么有趣，他老是摆出老师的样子谆谆教诲，但他所传递的种种关于"仁"、"君子"的道理，一直到现在都还适用。如果没有他这么严格规范出一个理想之人的品格风范，后世的读书人可能都不知道在乱世中该如何自处，在盛世中该如何为国家做贡献。从这套标准来说，《论语》可说是这条通道呈现的批评与纠正的文集，而这套标准，历经不同朝代、不同价值观，流传了两千五百年，到现

严苛的背后，满怀澎湃的人类之爱

在依然能适用。读读他说的"大道之行也,天下为公,选贤与能,讲信修睦……使老有所终,壮有所用,幼有所长……"这难道不是现在很多政治人物还在诉求的事情吗?

挑剔,是他们爱世界的方式

这条通道的人,只要发现模式稍有出错或行不通,就一定要纠正,如此一来,错误才不会越来越严重。他们看得远,所以,当他们规划或建立一套系统时,除了防止与留意所有可能的错误之外,也会预想五十年、甚至一百年后,可能会出现的问题,并提出解决之道。

网络上曾流传过,中国山东省青岛市的下水道工程,是近百年前由德国人建立的。曾有一次,因为零件毁坏,而当地找不到可以替代的零件,不得不向原公司求助。德国公司告知青岛的工作人员,在此工程零件方圆三米内,必定能找到用油纸包裹的零件包。这就是非常典型的拥有这条通道的人会想出的预防之道。他们会尽一切可能,试图让失败或错误率降到零。若能以众人福祉为考量,详细建构出一套稳定安全、可世代运行的制度系统,就是具备这条通道的人活出自己，对人类独特的贡献。

如果世界是一整个舞台，他们适合成为架设舞台的幕后人员，打光、声控、动线安排……他们将一切控制安排妥当，好让导演和演员可以尽情施展，感动观众。严谨是他们爱世界的方式，他们或许看起来颇无聊，却很可靠；他们给人挑剔又难相处的感觉，是因为习惯立即不留情面地纠正错误，但这却是他们表达关怀的方式。这样的做法也很容易让人误会或引发争议。看似理性、严谨、难相处，实则为极端感性的大爱——为了全体人类的安全，找到大家可以长久运作的模式。

他们的批评虽然以爱出发，却常因表达方式严厉，而饱受指控。换句话说，这条通道善于挑错与纠正，若是针对家人、朋友猛烈批评，就很容易引发抗拒，最后将箭头转为批评自己。所以，若没有将这天赋发挥在正确的方向，成为针砭世界的评论家，或者推动理念改革的权威当局，就很容易摇身变成愤世嫉俗、非常挑剔又自怨自艾的人。

严苛的背后，满怀澎湃的人类之爱
——

给这条通道的人的建议

请务必将批评的独特才能,用在与大众相关的事务上。若能源于爱,那么你追求完美的特质,一定能在权威体系中找到失序、脱轨的错误,你所提出的针砭与建议将会被运用,造福更多人。但是,若只是不断挑剔、批评家人、朋友与自己,久而久之只会伤害到自己的人际关系,得不偿失。

通道名人: 孔子、奥立弗·斯通、朱莉·安德鲁斯、高迪

19—49　整合综效的通道

有情有义，以牺牲换来圆满

定义

生命中持续面对的课题是，如何秉持内心所遵循的原则，满足自身需求的同时，也满足周遭人的需求，同时在实际与公平两个层面取得平衡。这条通道的人在情感上很敏感，在人际相处中会付出许多精力，渴望与别人亲密的接触。但是这接触是友善的拥抱或敌意的冲撞，则根据情绪的高低起伏而有所不同。另外，这条通道也与食物、环境、社群息息相关，与家人还有志同道合的朋友们一起相聚吃饭，就逐渐演变成彼此共享资源、维系感情的重要方式，也是让这条通道的人感到心满意足的关键。

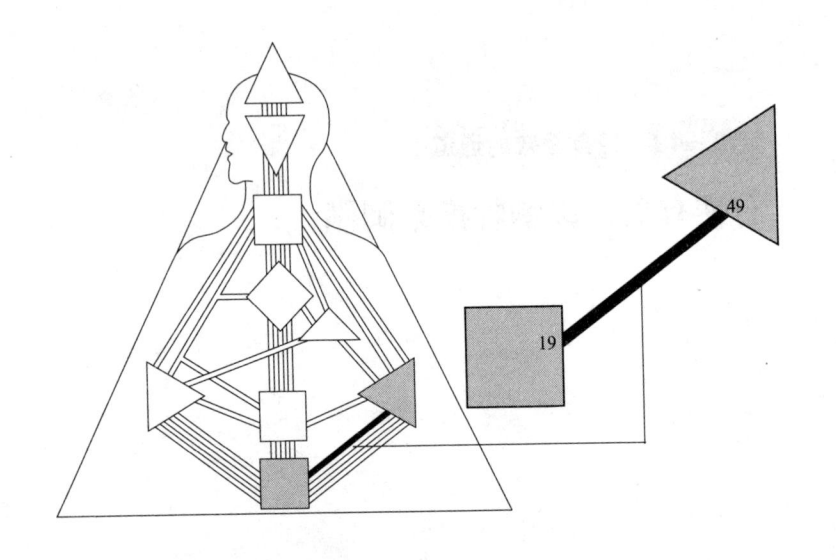

将台湾人都当自家人付出的林杰梁

这条通道常被我昵称为最有情有义的代表,简直就是一条名副其实的"艋舺"通道。有这条通道的人总是如此重义气,对于自己所关怀的人毫无保留地付出。2013年去世的侠医林杰梁就有这条通道,他最为人称道的是当医生如同侠客,待人接物没有架子,也毫无派头,巡视病房时即使遇到不是自己负责的病人也会关心问候,这些都非常吻合这条通道的特质。他是侠骨柔肠的仁医,不只他的病人,所有台湾人在他内心都是自家人,都是他专业上要照顾付出的对象，不分远近亲疏，职业与贵贱。

林杰梁因为长期在媒体上倡导食品安全，针砭台湾地区食品卫生规定，与某些食品业者形成利害冲突，他从头到尾都不改初衷，富贵贫贱不能移，他从不屈服于他们的强势与威胁。他说自己以专业为本，正印证了君子有所为有所不为的准则，他不仅做到医生视病如亲，还义无反顾地一肩扛下维护台湾人食品安全的重责大任。他长期认真研究资料数据，仗义执言，最后也因工作量太大过度疲累，英年早逝，成为我们这个世代深具义气与风骨的典范。

这条通道叫作"整合综效的通道"，意味着有这条通道的人，在部落中注定要扮演分配与整合资源的角色，他们的挑战就是如何在自己与众人的需求之间，做出公平且实际的判定，并做出决定。有这条通道的人，随着年岁成熟，渐渐会走上特定的位置，就如同古代大家族里分配资源，掌管祖产的长老。又或者是族群部落里，负责主持祭典并公正分配祭礼予族人的祭司。若是在黑帮中，必定是那主持公道，做出仲裁的领头大哥。他也可以在娱乐产业里，扮演那照顾众人，同时分配资源的监制……这些角色都是喊水会结冻、说了就算数的老大。既然在其位，就难以避免要面对一个问题——资源分配很难做到真正公平。

有情有义，以牺牲换来圆满

有分配就会产生纠纷,众人总是会跑来与他吵闹,借以索求更多的资源。

牺牲在所难免,重点在于是否有价值

怎么办?既然注定迟早要坐在这个位子上,他们就得面对所有的抱怨与索讨,甚至因此付出代价,牺牲自己的时间、资源、金钱等,得以顾全大局。对有这条通道的人而言,学习如何在众多需求间取得平衡,需要智慧,同时他们也不可避免地,不断在生命中碰触与"牺牲"相关的课题。

一般人对牺牲的看法很悲情,但是就某个程度而言,为求圆满,牺牲却是求取诸多平衡中,不可避免的过程之一。所以,具备这条通道的人,无法逃避,基于家族或多数人的利益,有时难免得牺牲小我的利益,退让以求更大的圆满。既然无法抗拒生命中迎面而来这样的课题,那么值得深思的就是:你的牺牲是有价值的吗?

如果牺牲短程的利益,足以获得长期久远的好处,如果适当地退步,得以换取整体的和谐与平等,那么,这是有价值的牺牲。反之,如果只是无谓又无目的性、盲目的让步与牺牲,那么,到最后也不过是白白浪费了资源,更

甚者是让既得利益者食髓知味，软土深掘，导致日后不停索讨更多利益，甚至迫害到整体家族的存续。那么，这就是称之为不值得，并且毫无价值的牺牲。

何时要坚持？何时要牺牲？如何整合？是否退让？这都需要极大的智慧，也考验着拥有这条通道的人。他们若能在对的时间点做出正确的决定，就能将资源妥善分配，让部落里的每个人都能得到充分的滋养。所谓的滋养，不仅限于物质层面衣食住行的需求，还包括了精神层面上的教育与成长。若能让部落里的每个人都丰衣足食，有学养有文化，部落自然而然会因此兴盛，进而茁壮。以林杰梁医师为例，他最让人钦佩的是，劳心劳力，看似牺牲自己的时间与精力不断研究，其实他换取的是整体民众的健康。他苦口婆心，不停用各种方式传达毒物和食品安全的观念，让我们除了吃得安全，也越来越懂得如何以正确的观念过生活。长远来看，因为他的坚持与贡献，促进整体社会的进化，功不可没。

对自己人义气，对外人冷酷

前面说这条通道的人很敏感，但是，他们的敏感只会

有情有义，以牺牲换来圆满

用在特定的人与特定的地方上，就像在内心画上一条无形却明确的界线。如果你被他们认定为自己人，他们必定会从头到尾义气相挺，敏感照料族人的需求，无微不至。这是一种极为原始的情感，没有理性，无法辩证，绝对的主观，可以为了保护家族，牺牲自己，在所不惜。反之，若你不属于自家人，不幸身处线的另一边，那么他们根本毫不在乎，也不在意你的死活，若有必要，为了捍卫自己所属的部落，他们还会向你夺取更多资源来滋养自己的家族。这时候，不但没有义气可言，还会残忍以对。他们的义气只用在自己人身上，这也是为什么这条通道也多产黑帮分子，或者军阀。

他们对自己人有多讲义气，对外人就有多冷酷。他们可以是最温暖、最无私的人，却也可以是最残忍、最没有人性的人。因为，不属于他们捍卫守护范围的人，都是外人。这没有道理，无关意义，家族的情感或兄弟间的义气，不是用道理可讲，也不可能就事论事。以此类推，他们心系的是整个家族的安全存续，为此他们提供资源分配，也进行约束管制。如果有人不受他们约束，甚至做出颠覆整个家族安危的行为，他们也会站在家族立场，予以驱赶。因为，破坏规则或干扰安全的人已经不是家族一分子了。

> **给这条通道的人的建议**
>
> 你天生重义气，所以首先必须练习：进入任何合作或人际关系前，试着将你的需求说清楚，并在相处时，给彼此空间，试着取得平衡。在关系中理解牺牲真正的目的，是为了大我的兴盛和谐，而不只是一味牺牲。当你能分辨出何者为轻、何者为重，并做出妥善分配时，你所要守护的族人才能得到真正的安全。再者，不要在情绪高亢或低潮的时刻，贸然做出重大决定，请多等几天，让自己的心意清晰，此时的决定才会是明智的。

通道名人： 林杰梁、蒋介石、周星驰、奥普拉·温弗瑞、拳王阿里、达利

有情有义，以牺牲换来圆满

20—34 魅力的通道

跑得比猎物还快的猎人

定义

这是一股旺盛无比的生命动能,每当内心对来自外界的讯息有所回应时,就会迫切地,想要立即在下一秒化为确切的行动。如此即知即行的结果,让这条通道的人根本坐不住,时时刻刻都持续忙碌着。若能从事自己真心喜爱的事情,不断地起而行之,在忙碌中获得欣喜并且充满成就感,这就是火力全开的绝佳状态。

当你正确地回应生命时,热力十足的模样很容易感染周围的人,让别人也同样充满活力。在别人眼中,当你忙碌地做着真心喜爱的事情时,真是充满无限的魅力,这也

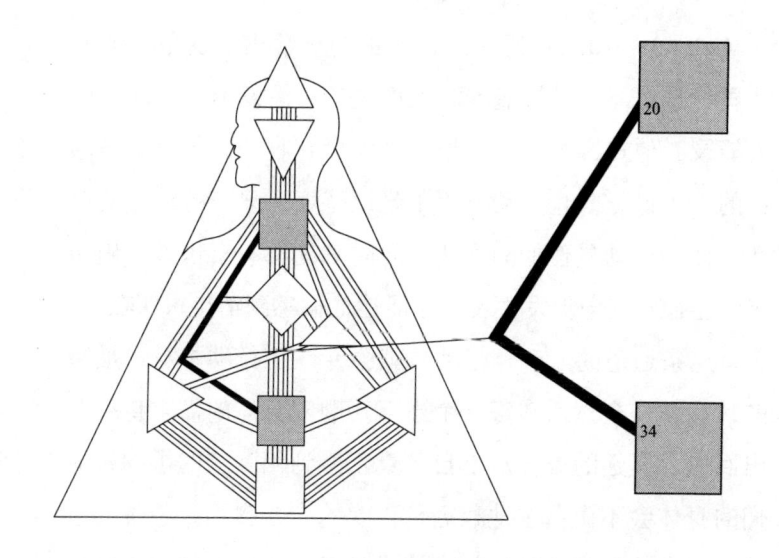

就是这条通道被称为魅力通道的原因。反之,若只是一味地盲目冲冲冲,只会像无头苍蝇般瞎忙,仓皇急促的你将无丝毫魅力。

行动是本能,是活着的证明

这是一条重视效率与快速行动的通道。有这条通道的人不愿意等待,想到什么就会马上付诸行动。以求存的智慧来说,他是跑得比猎物还快的猎人。"如果人生要有成就,就要勇往直前,不畏艰难。"这是篮球之王乔丹

跑得比猎物还快的猎人

（Michael Jordan）说的话，他也的确活出了这条通道的特质与魅力。乔丹打篮球时动如脱兔，爆发力与行动力无人能及。他曾说："我不相信被动会有收获。"对这条通道的人来说，静止不动就等于坐以待毙，只有行动才能存活。保持行动是他们的本能，时时刻刻都有事情做，确切感觉生命正在急促发生着，才能让他们感到活得很实在。

这条通道的人一旦行动，就会专注于行动本身。最棒的状态就是全然活在每一个当下，顺应身体的需求直接做出回应。有趣的是，对于自己真正感到相呼应的事物，他们的身体会不由自主地靠近：喜欢的人、食物、想做的事情……身体是如此诚实与直接，吸引与否，往往超乎脑袋的理智所能理解的程度，观察肢体的语言与动作，早已不言而明。他们似乎不太擅长聆听，也很容易忽视外界其他讯息，这并不一定代表他们不重视你，而是当他们彻底专注时，其他感官像是会自动关闭一样，这让他能真正全神专注。就如同乔丹所说："一旦付诸行动，我什么都不想，全心只想着自己要做到的事。"他们会专注于行动本身，务必全力以赴！

无暇回顾，无法从过往错误中学习

当然，如此一股即知即行的能量，近乎冲动莽撞，并不代表不出问题。当乔丹第一次宣布退役时，简直震惊篮坛，更令人跌破眼镜的是，他居然宣布要转行打棒球。对很多人来说，他的决定草率鲁莽，对球迷不负责任，殊不知这就是典型即知即行通道会有的行为，想法当下已经化为行动。这样一来很难"深思熟虑"，二来他行动时也完全听不见别人的劝告。但是，他们相对在性格中的急躁，也有其有趣之处。由于太急着将想法化为行动，所以当发现行不通了，也不会迟疑，可以马上修正，何必浪费时间深陷懊恼或羞愧之中呢？当乔丹发现棒球行不通时，他很快地又宣布复出，回来打篮球。个性造就命运，也因为这条通道无暇反思回顾，所以能不念旧、不回顾过去，但是也很难从过往的经验和错误中有所学习，所以，乔丹后来又有第二次退役与第二次复出。

他们重视效率，他们贪快，但往往很容易忘记了为什么要快，表面上看起来颇有效率，却也常常漏东漏西，导致最后还得回头补齐才行。其实，他们若有耐性回头修补，亡羊补牢，也就算了，比较糟的状况是，往往因为缺乏耐性，常常会觉得修补麻烦，以致半途而废，事情只做

跑得比猎物还快的猎人

一半就直接想放弃，然后很快又投身截然不同的领域，时日久了似乎从没停下来过，但也就是胡乱瞎忙，没累积到应有的成就。他们若能醒悟到这一点，学习有耐性，才有机会将自己旺盛的能量放对地方，有效率地创造出最好的成绩，获得成功。

结果固然关键，过程也很重要

即知即行通道的人动作快，除了自己即知即行，也很自然会期待周围的人以同样的节奏，迅速回应。他们不管是谈恋爱、人际关系或工作的层面上，都偏好快刀斩乱麻。原本火热的心，若在第一时间没有得到对方肯定的答复就冷掉了，等到别人终于回应了，他们的注意力可能早已转移，已经转头忙别的事情了。他们不见得能够理解，这世界上大多数人无法当机立断，也很难包容别人需要时间沉淀，所以不由自主容易对别人施压，有时甚至让人觉得很粗鲁。毕竟，人世间绝大多数事物进展的过程，总难免曲折往返，需要反复检验与来回推演。

虽说即知即行这条通道行动力超强又有效率，但也不得不承认，贪快往往难顾全圆满，事情做完不等于做好，深思熟虑的确有其必要性。若这条通道的人没有被正确地指引，很容易沦为迅速将工作完成了但是质量却可能只有六十分的情况。谈恋爱也是如此，他们老是急躁，想立即得到回复，但是谈恋爱的重点，不就是好好体验这过程吗？结果固然关键，但是马上得到答复又怎样？想想龟兔赛跑，这条通道的人就像那只兔子，故事的结尾，兔子并没有赢得比赛，还因为超前轻忽而偷懒睡觉，错过了所有经过。

如何衡量自己有没有活出原本的设计呢？照理说，这条通道的人有这么旺盛的行动力，意味着丰沛的能量，理应付出行动后交换到丰富的物质回馈。有这条通道的人可以想一想，自己的行动力到最后究竟换来多少实质上的报酬呢？忙碌到最后，你是否真正在物质与精神上得到满足呢？乔丹将篮球打好，赢得财富万贯；具备此通道的阿基师厨艺精湛，名利双收行程满档。换句话说，当你拥有这条通道，实质上却没赚到什么钱的时候，首先要思考，自己是否经常半途而废，所以你的能量并没有机会好好聚焦？你是否忙碌做着自己真心喜爱的事情？还是只是胡乱回应，到处瞎忙？既然老天赐予你这条通道，给你即知即行的充沛能量，你有没有好好善用它呢？

跑得比猎物还快的猎人
——

> **给这条通道的人的建议**
>
> 你直率、冲动，唯有自我激励，回应你真正所爱的事物，才能将这股源源不绝的动力化为实质的成就。照顾好自己，找到属于自己的求生之道，就是此生的首要任务。或许别人会因此而觉得你过于自我，甚至冷漠，你无须为此感到内疚。等待，回应当下，做自己真心喜爱的事情，而非像无头苍蝇一样瞎忙。就算不断行动，在你如火车头般向前快速奔驰时，也可以提醒自己要不定时停下来，锻炼自己的耐性，看看是否因为贪快而有所遗漏。你可能会发现吊诡且奇妙的是：放慢一点点，反而更快，反而更有效率。

通道名人： 迈克尔·乔丹、林书豪、杜月升、阿基师、杰米·特雷弗·奥利弗、蒋介石

20—57 脑波的通道

世界上最聪明的人

定义

拥有灵敏准确的直觉,比一般人更快速而尖锐地看到问题,直指核心。求存能力强,若能相信自己的直觉,就能克服对未知的恐惧,自然地适应各种环境。但是,脑波的智慧需要等待别人邀请后,才能将自己一瞬间所知道的真相说出来,否则将面对别人顽固的反抗,且不会被珍惜。

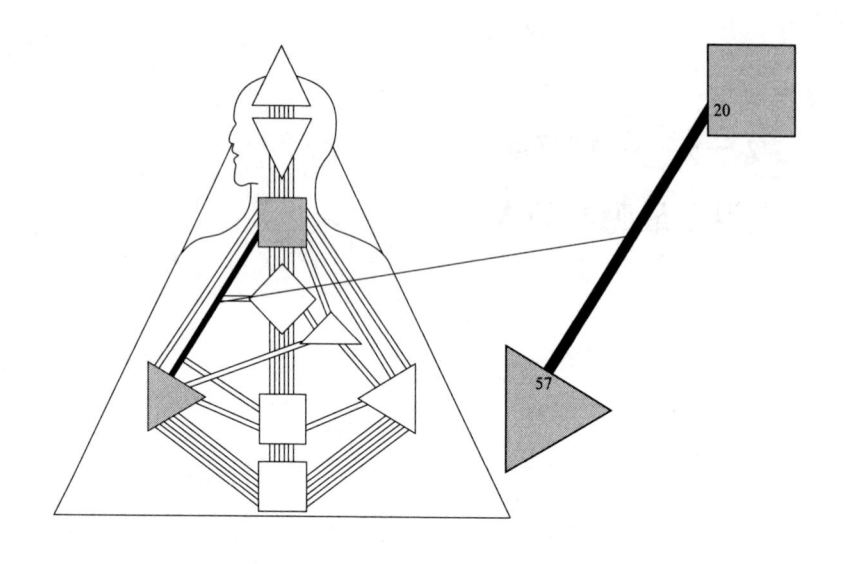

直觉的洞见像电波

拥有脑波通道的人是世界上的精英族群,名校里有脑波通道的人比例很高,聪明人中更是盛产脑波人。脑波通道的聪明,在于能快速理解事物的本质。之所以叫作脑波,意味着直觉的洞见像电波一样,当下一瞬间直达终点。因为是靠直觉式的洞见而获得解答,并非逻辑推演,他们并未一一罗列事实、反复辩证检验才得出结论,所以,往往他们所指出的症结,无法在当下被验证。这也就是为什么,若他们没有被邀请就轻易发言,那么他们所说的话,往往会被旁人认为很盲目、鲁莽或只是出于突兀的臆测,不会被当真,也不会被珍惜。

一针见血,直指重点的毛泽东

中国共产党创始者之一的毛泽东,是聪明人中的聪明人。他成功的主要原因,在于将马列主义中国化,他的天才就在于能将种种艰涩的理论与含意,聪明地转化成连不识字的农民、工人都能懂的大白话。他将革命的标语变成语录,变成众人皆可朗朗上口的话语。他是能诗善词,还写得一手好毛笔字的知识分子。这就是脑波通道的聪明。

"江山如此多娇,引无数英雄竞折腰。""怅寥廓,问苍茫大地,谁主沉浮?"毛泽东写诗写词,字里行间所流露出来的,不只是才气而已,他具备直指核心的理解力。

"一针见血",非常贴切地形容了脑波人的说话方式,他们擅长穿透层层迷雾,瞬间得到答案。跟有此通道的人沟通时,往往别人才交代了前言,他们就了解事件始末,甚至举一反三了。向他们说明解释时,不需要花很多精力,他们很快就能理解重点。

但也因为如此，有这条通道的人很难盲目进入恋爱的状态。因为容易看破事物的本质，在恋情刚开始的时候，他们似乎就能预见之后的情景。以为自己看透了，热情就容易消退，也很容易在尚未真正开始时，已经直接跳入莫名的结论中，想得太过清楚，反倒平庸无趣。太聪明，早就预见了结果，很容易聪明反被聪明误，并没有真实涉入，或真正脚踏实地地体验过程中的每一步，就错过了对方。而这世界上有许多事情，真正重要的并不是结果，而是过程，但是他们由于过早下了结论，反而错过了纵身一跃的契机。

表达能力不好？易因被误解而惹怒周遭人

另外，有脑波通道的人固然聪明，反应快，这特质用在学习与理解力上面很棒，但是，在与人相处和沟通上却容易出问题。为什么有脑波通道的人很容易惹恼周遭的人呢？因为他们往往比一般人更快看到真相，往往就在朋友间的闲谈之中，突然下了突兀的结论，让听的人无法理解，更无法接受。他们并不了解，并非每个人在当下都已经准备好，想听见真相。虽然日后往往会证明，当初有脑波通道的人讲的话是对的。他们自己也惊讶于一切是如此昭然若揭，别人怎么可能会看不出来呢？却不知，那就是属于自己的天赋异秉。他们擅长在特定的情境里，直觉式地侦察出事件的真相；在最短的时间内，从事情的来龙去脉中找出条理，等于走最短的距离，就能直接得到答案。

他们虽然理解得快，但表达能力差（除非他们有其他擅长沟通表达的通道）。因为其思考的模式太过跳跃，导致语言表达可能无法立刻跟上，以至于他们的沟通方式在别人耳中完全是毫无逻辑的。没有铺陈，直接跳到结论，自认讲得很清楚，别人却听得一头雾水。由于本身推论的过程非常跳跃，难以陈述其逻辑推论的过程，因为对他们来说，根本没有过程，他们都是一听到开头，就能通往最后的解答。换句话说，脑波人所理解的，和他们表达出来的，中间有一大段落差，需要好好填空，才能让更多人得以理解，这宛如电波般的聪明，究竟有多神奇。

脑波人不仅容易被误会，自己也懒得解释，有些脑波人还觉得是别人太笨反应不够快的缘故，以至于演变到后来，脑波人变得只习惯与同样也具备脑波的人交流，因为彼此反应快，可以迅速理解彼此，话经常只要说一半，就能彼此相对一笑，心领神会。由于这样的聊天沟通模式，实在很愉快，久而久之，会变得很难与脑波人以外的人沟通，即使跟别人沟通时，也容易不耐烦！

　　脑波人常以为全世界的人的思考模式应该跟他们一样快才对，但是事实上并非如此。脑波人虽然聪明，想法很多也很棒，但还是要谨慎选择说话的时机，同时，也要愿意有耐性，好好详细解释自己的想法，让更多人能够真正了解你。

给这条通道的人的建议

要学习等待别人邀请，才说出自己看到的答案。这对你来说很困难，但请记住，有时候你以为一针见血所看到的真相，对当事者来说，过于赤裸。他们此时此刻还没有做好心理准备。此时，逞一时之快的话语对旁人毫无帮助，徒增伤害。

再者，你常觉得很多事情很简单，也就没有耐心体会别人痛苦的理由，但重点在于，很多事情的意义不在结果，有些人就是得经历完整过程，才能提炼出自己的智慧。脑波人常因为太聪明，所以跳过过程，或者直接拒绝，这样反而无法体验许多人、事、物底层的东西。或许下一次当脑波人觉得自己"懂了"时，提醒自己，真的只有这样吗？在这个答案底下，是否还有别的色彩斑斓的层次？跳过这些风景的人生，虽然黑白分明，会不会太无聊了呢？

通道名人：毛泽东、简·奥斯汀、J.K.罗琳

21—45 金钱线的通道

拥抱丰盛物质的人生

定义

充满强烈的自我意识，掌控欲强，运用意志力在物质层面获得成功，并享受丰盛富足的物质生活。难以被控制，无法被驾驭，这是非常入世的通道设计，你来到这世界就是要来赚钱的，建议你开创自己的事业，掌握领导与主控权，每件事情亲力亲为。

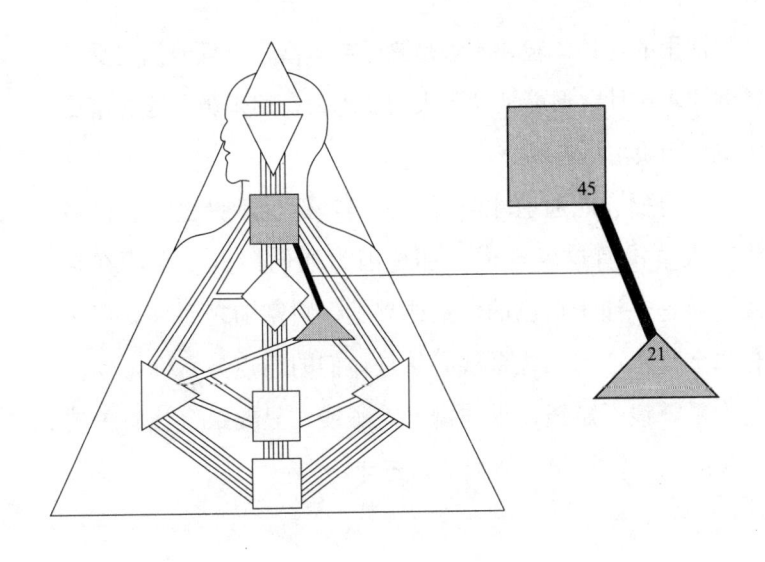

金钱是此生的原点与目标

有这一条金钱通道的人很入世,之所以是金钱通道,并非生来注定有钱,而是会对金钱特别有感觉。他们要不是在物质上丰盛富足,要不就是特别贫穷匮乏。如果没有活出原本设计,成为有钱人,往往会比别人更强烈感觉到自己的穷困。"一箪食,一瓢饮,居陋巷"还能甘之如饴"不改其乐",说得绝对不会是这条通道的人。平平常常过一样的俭朴生活,他们就是会觉得自己好穷喔!眼里所看,心里所想都跟金钱相对应。所以,他们必须完全接纳物

拥抱丰盛物质的人生

质生活里的种种体验，不管是匮乏或丰富，一旦他们接受自己的原本设计，便能涌现强大的意志力，用来赚大钱并享受丰厚的物质生活。

一定要有此通道才赚得到钱吗？倒也不见得。有很多成功人士没有这条通道，那是因为他们的出发点不在赚钱，而是专注于自己的志业或兴趣，财富随之而来。但是有此金钱通道的人，金钱必然是他们的原点与目标。他们是为了赚钱而赚钱，且非常喜欢赚钱，只要跟金钱有关的话题或点子，都能让他们精力充沛。

主导性强，喜凡事都在掌控之中的特朗普

有此通道的唐纳德·特朗普（Donald Trump）很适合说明金钱通道的特质。特朗普以房地产、赌场和饭店致富，这些都是跟金钱密切相关的产业，而他后来又因为《谁是接班人》节目声名大噪，并为他的事业带来另一波高潮。特朗普生活奢华，出手阔绰，全身上下看起来都是有钱人的派头。金钱通道的人喜欢富足的生活，他们就像国王皇后，要过好生活，喜欢好东西，也特别能享受。他们天生有种贵族派头，仿佛生来就是要下达指令，让别人

做事，为他们服务的。

这的确是条主导性很强的通道。为了在物质生活上成功，所以每件事情都要亲力亲为，确认"一切都在其掌控之下"，以他所预期的进度和方式进行着。了解特朗普的人都说他很清楚如何掌握谈判的对手。曾有一次，特朗普试图说服某公司的CEO买下一栋大楼的经营权。那名CEO出身于其他州，也没有大手笔购买房地产的经验。特朗普这么跟他说："你完全不懂纽约的房地产，而我是纽约房地产之王，我希望能够主导这件事。"他让对方觉得，没有他的参与就不可能成功，因此合作案顺利成交。他强烈的主导性格与控制欲在谈判与经营上，不但不是缺点，反而赢得对方信任，并确保交易成交。

《谁是接班人》这个节目的概念，就是要选出符合特朗普企业精神跟特质的接班人。他不仅这样寻找公司人才，对于投资子女教育也毫不手软。他从子女小时候就培养他们走上商业管理的道路，未来好接手他的事业。

最好自己当老板，赚钱照顾员工或家人

这条通道适合独当一面，其强大的赚钱动能，除了自

拥抱丰盛物质的人生

己享受物质生活的丰盛与富足，也需要照顾家族或下属，承担起让家人或员工过好生活的责任。因此，有金钱通道的人适合自己当老板，获利之后分享给员工与家人。若抱持一颗承担的心，愿意照顾越多人，就会有越多的钱财流进来，让大家都能过好生活。

他们必须愿意承担，并且掌控一切，还要有"我说了算"的决心，不能只想到自己，同时得具备照顾自家人的胸襟。若眼光狭窄，只顾自己，就会局限在贫穷的那一边。若你具备金钱通道，要通往物质生活的丰盛与富足，有几个关键：不要亏待自己，享受好质量的生活，才是王道。有很多人明明具备金钱通道却活得穷困，原因是心中对匮乏的恐惧太过强烈，锱铢必较的结果便是只能深陷贫乏的泥沼之中。你要有心愿意承担，这就像是国王拥有了自己的国土（公司）时，要心怀仁慈，照顾人民（员工与家人）生活的基本需求，同时也要好好教育他们，让每个人的能力提升，不断进步，才有机会为整体创造更多产值。唯有国土里的子民安居乐业，你所经营的王国才能富强与富足。

> **给这条通道的人的建议**
>
> 在你们身上，特别能印证金钱有其良性循环与恶性循环。你们若小气，金钱就流不进来，若富足自心开始，就会吸引更大的富足。若源于匮乏，只会深陷贫困的渊薮，恶性循环。如果你发现自己拥有这条通道，恭喜你，你生来就是要过好生活的。请好好发挥所长，扩大你的领土，有广阔的胸怀，愿意通过努力，照顾更多人同享富足。你的意志力坚定，一旦你拥抱自己原本的设计，只要设定目标，全心全意投入，必能将其实现。

通道名人： 唐纳德·特朗普、汤姆·克鲁斯、哈里森·福特、J.K.罗琳

23—43 架构的通道

是天才？是疯子？颠覆架构他说了算

定义

挑战既有的架构与模式，习惯从颠覆的角度出发，不愿依循原本的架构来思索事情。总忍不住想重新整顿，思考全新的切入点，建立新的架构。若在正确的时机点提出意见，新的创见将透过你来到世界，扭转世人原先的认知，也将彻底影响众人看待事情的角度，引发突变。

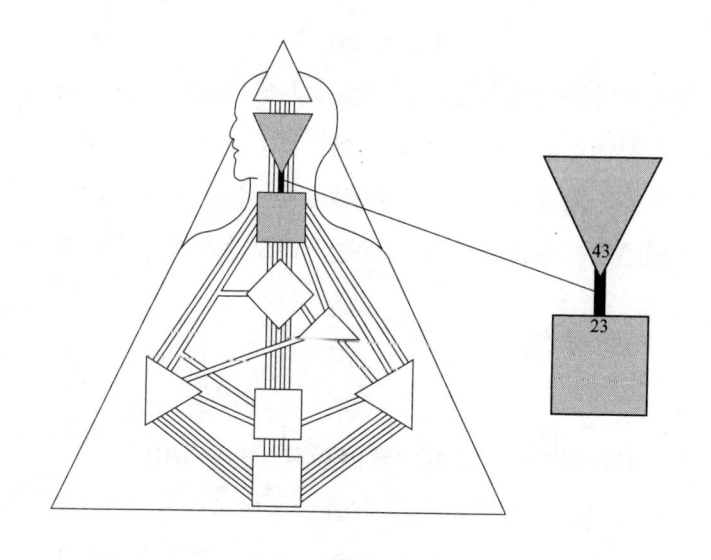

天才或疯子，只有一线之隔

有这条通道的人经常口出惊人之语，其言行与举止，常常给周围人带来震撼。所谓的天才与疯子，往往只有一线之隔，显然他们是注定要来改变架构的人，自然会选择以颠覆既定模式来切入，思考与关注的焦点皆异于常人。偏偏这世界上绝大多数人，只能根据自己的经验法则或人生体验，来理解周围的人、事、物。所以，这条通道的人总是显得如此不同，时而被认作是天才，时而被当成是疯子。他们甚至与周围的人格格不入，其实这都并不是意外。

大家觉得他们很奇怪，他们也觉得自己很难被世人所理解，看似怪胎的思维，其实可能蕴藏了宛如天才般的洞见，很难懂？没关系，看看孙中山先生，他的一生，就是将这条通道发挥得淋漓尽致的一生，他是这条通道中经典中的经典。

挑战旧有体制、被认为"离经叛道"的孙中山

生在封建专制体制下的孙中山，从小就是个令大人不安的小孩。不管是针对政治或者宗教，他经常说出大不敬的话。七岁时，他听了太平军老兵讲的太平天国的故事，心生向往，就说出："我不想做皇帝，我要做洪秀全第二。"这个不想当皇帝，想当革命分子的小孩，年纪轻轻已经用迥异于一般人的模式思考，而且不怕表达出来。他后来有更多"离经叛道"的言行，包括：被哥哥接到国外生活时，劝导檀香山工人不要膜拜偶像，因此再次被哥哥送回家乡，免得犯众怒。回家后，他也没有改变，伙同朋友陆皓东捣毁庙宇神像，被当时村子中的人视为异端。他喜欢批评时局，不怕被砍头，说了很多鼓吹革命的言论，因为太容易"口出狂言",还被他的对手取了"孙大炮"这个绰号,意思是讥笑他说话如放炮,喜欢吹牛。

孙中山的一生,不停提出创见与新的做法。他对当时的社会和政府结构提出新的架构,不管是劝乡下村民不要膜拜偶像,或在被封建专制统治了几千年的土地上倡导民主思想,都有创新的意见。他不只是沿袭国外的做法,也加入自己的创见,提出民有民治民享的主张,等等。尽管大部分言论,听在当时的民众耳里,会觉得他根本是疯了,但是,百年之后,却证明是充满智慧、以人为本,长长远远的政治主张。

无法被理解,并不见得是错误,反倒是走得太超前,需要花更多力气,不厌其烦地向大众解释解释再解释。若进化是一段长远的过程,那么这条通道的人,就像是走在最前方的冲锋部队,尾后随行了庞大的队伍。队伍里的群众无法看见其所见,无法体会其所体会,无法理解其创新的思维,无法明白唯有真正跳脱既定框架,才有出路。而进化需要整体跃进,每个人都得达成共识才行,因此这也就成为这条通道的独特任务,如何解释创新的洞见,一次又一次,一遍又一遍,直到每个人都理解,就成为他们此生可以不断精进,认真修习的生命课题。

以孙中山来说,终其一生,他四方奔走,到处巡回演讲，每每面对不同族群、阶级、年纪、国籍的人，不断表达并传递自己的理念，寻求募款，寻求支援，一次、两次、三次，他得用各种方式让不同的人了解他的理念。久而久之，他的想法才慢慢被接受、被传播，直到创新的理念终于生根，日渐茁壮，终于推翻了原本盘根错节的清朝政权，建立民国。

天外飞来一笔，却可开创新局

这条通道的人特别能天外飞来一笔，思考出杀出重围的蓝海策略。他所提出的思维与做法，是否能被看见、被珍惜，取决于是否在对的时机点，与对的人沟通。同样的意见，若在对的时机点说出口，将被视为天才。相反，若在错的时间点，只会被当成疯子。该如何判断，这个当下是不是正确的时间点呢？关键就在于，有这条通道的人得等到别人开口来问你再说。因为这代表着此时此地，对方已经准备好接受全新的做法，该你上场了。

既然明白有这条通道的人不是天才就是疯子，他们的惊人发言，或天外飞来一笔的怪异言论，乍听之下总不免让人觉得非常突兀。可能他们的逻辑，跟当前讨论的事情完全无法衔接，以至于当下的发言，听起来如同狂言。请有耐性，试图再做沟通。若能协助他们将内在的逻辑理顺串联起来，转换成大家能理解的表达方式，你将惊讶地发现，他们真的提出了了不起的创见，真是天才。

学习整理自己的逻辑，让一般人能理解

有此通道的人虽然老觉得自己不被了解、莫名被打压，但事实上，他们也并未真正深入去理解，别人为什么老是听不懂他们所说的话？长久以来对此所衍生的不耐烦，以及对传统做法的反叛与抗拒，往往让他们更加心灰意冷，懒得多作解释。相对地，也因此隔绝了进一步沟通的意愿，而彻底阻绝了相互了解的可能。在此，我们首先要理解，先知总是寂寞的，也接受你们的逻辑与常人不同。所以，别人一开始听不懂是正常的。既然如此，何不心平气和，再试一次，换个角度与对方沟通。如果孙中山能一辈子不厌其烦，持续不断地解释自己的想法，革命成功，有为者亦若是，你也可以，不是吗？

> **给这条通道的人的建议**
>
> 你存在的目的是为周遭带来创见与质变。但是,为了让你的创见能被珍惜,请不要急于将自己的话讲出来,等待邀请,在正确的时间点发言。你也可以进一步在表达后,请别人复述一遍他们听到的,看看是否与你的想法相符合。当你在对的时间说出对的话,必能对世界带来根本的改变。

通道名人: 孙中山、波诺、达利、毕加索、爱迪生

24—61 察觉的通道

探究人生本质，为世界带来洞见

定义

你是伟大的思考者，你生来为了启迪世人，引导大家思索关于人生的奥秘。

你的头脑并非用来解决关于自己的问题，而是用来启发别人，让众生对生命拥有全新的看法，带来启发，让我们得以看见前所未有的曙光。这样的头脑需要持续不断地，以全新的方式，探索智识上各个崭新的领域，对既有的事物，探究其本质，并创造出全新的看法。

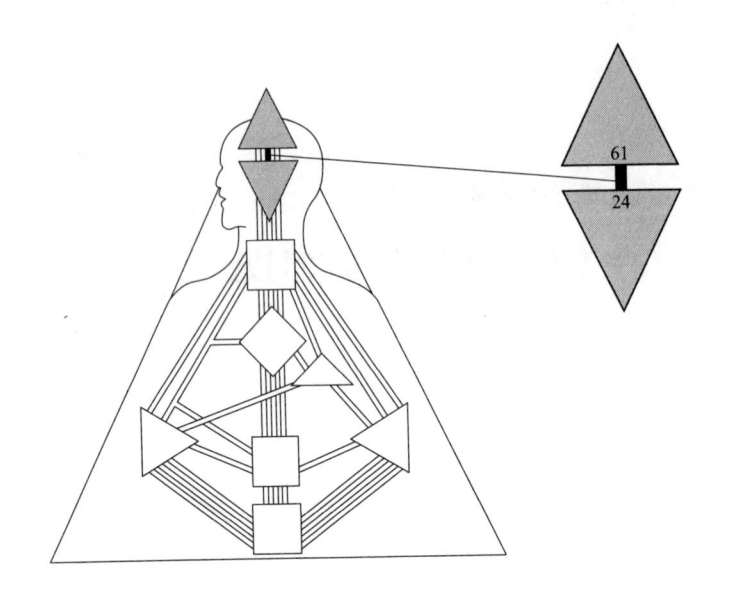

带给世界全面性启发的曼德拉

这条通道很容易令人联想起罗丹的雕刻作品《思想者》，那个陷入永恒思考中的人。他的脑中仿佛正在探究生命的意义或人生的本质，一如这条察觉的通道所要带给世人的启发。这是一条伟大思考家的通道，有这条通道的人，他们的脑中无法停止思考。他们的存在，就是要思考哲学，例如人类为何存在等相关的议题。身为人类要如何理想而正确地生活，而现存的状态是否扭曲？或错误？对于人类生存本质的相关问题，他们特别有呼应感。

活出你的天赋才华

2013年去世的人权斗士曼德拉，就是活出这条通道的代表人物。他提出"只有让黑人和白人成为兄弟，南非才能繁荣发展"的政见。他终其一生，努力争取南非黑人地位的平等，废除种族隔离。他曾说："我的理想是建构民主的非洲社会，在这里，人们和谐共处，机会平等，这就是我想生活的社会。"他所说的这段话，真实阐述了这一条察觉的通道，可以为世界带来的贡献——他思考，所以他改变世界。这条通道存在的目的，是为世界带来本质上的突变。思维就如同一颗种子，开始萌芽，日渐茁壮之后，就有可能改变整个体系运行的模式。

　　曼德拉将这条察觉的通道发挥得淋漓尽致，他对于这个世界的贡献，何止仅于跨越种族的藩篱？当他离世的时候，有那么多彼此政见根本天差地别的国家领导人，为了悼念他，齐聚一堂。不管存在或逝去，他都让全世界的人在那时、那地，跨越了种族、政治、国家的狭隘界限，开始思索，真正的平等是什么？

　　人类若能跨越肤色，是否也可以跨越国家、宗教，乃至人与人之间的藩篱？

　　他对于人类生存本质的相关思考，还包括公布自己儿子是因艾滋病去世的消息，为的是提倡人类"以同等的态度来看待艾滋病与其他疾病"。他再一次为世人带来震

探究人生本质，为世界带来洞见

撼，同时也引发人们思考：如果心脏病让人同情，为何艾滋病让人鄙夷？人类在肤色上划分等级，现在连疾病都要区分，这又是为什么？

曼德拉为这个世界带来全面性的启发。身陷牢狱二十余年，当曼德拉终于得到自由，并获选为南非总统时，他在就职典礼上，宽待并礼遇了当年囚禁他的三名白人狱卒。绝非因为他们当时善待过他，而是曼德拉因为他们，修炼了自己的心性。虽然在牢里，心灵却可以穿越怨恨，他因为宽恕而得到了真正的自由。就算在牢狱里失去身体的自由，精神层面却仍可以全然去思考人性，思考何谓理想的生活状况，思考自由与平等、宽恕与爱等问题，并从中得到洞见。

思考人类与生存本质的问题

同样具备此通道的马克思，在一百多年前，已经预先看到资本主义可能带来的迫害，他从中思考人的存在本质是否会因此异化。而拥有这条通道的电影导演伯格曼，在其作品中，总在探讨人生存在的本质，他有句名言："我对上帝的兴趣已经消失，现在我只对人和人的行为有兴趣。"是不是听起来很抽象，但这却是深具本质性的探讨。这也说明了生来有这条通道的人，就是要来思考与自己无关，而与整个人类整体处境，还有与生存的本质相关的大哉问。

他们偏好长时间思考，而那神奇的洞见可能会在一瞬间出现，也可能终其一生都无法得到解答。无人知晓他们何时才能真正得到解答，但奇妙的是，当解答现身时，通常会以声音的形式，不预期地在脑中响起。许多人对这一闪而过的声音，常会解读成神的旨意或是更高的召唤，但若了解他们的设计，便会知道这就是属于他们灵感出现的形式。同时，这也是一条与音乐、声音、文字息息相关的通道。如果说，每个人跟外界都有相呼应的通道，那么这条通道的灵感多半会以听见旋律、话语的方式，一瞬间在脑海中闪过。这就能解释为什么具备这条通道的人，会偏好以文字和音乐，来作为与外界串联的传达媒介。

透过声音获得灵感，以音乐和文字与外界沟通

若将焦点放在与自己无关的事物上，这条通道可以为世界带来本质的突变与巨大的启发；但如果用来思考自己的事情，不但完全无法解决问题，还会陷入固定循环，以

偏执之心理解外界，最后困住了自己。

　　这条通道的人喜欢听音乐，或习惯处在有音乐或人声的环境里。脑中可能经常性地响着旋律，或闹哄哄的同时有很多声音在对话，这是他们思考问题的过程。常有拥有这条通道的朋友提及，听音乐反而有助于让他们的头脑安静下来，得以思考或创作，听音乐也有助于纾解其头脑的焦虑，灵感会特别多。

给这条通道的人的建议

　　学习与自己无法停止思考的头脑，和平共存。焦虑是正常的，明白灵感将在不预期的瞬间一闪而过，并带来解答。请好好善用这条通道，为众人带来灵感与启发。

通道名人：曼德拉、马克思、莫扎特、奥普拉·温弗瑞、波诺、英格玛·伯格曼

25—51 发起的通道

冒险是天赋，随时准备要跳进未知的人

定义

有这条通道的人是不折不扣的勇士，总能在关键时刻回应生命，天真地跃入未知。生命的旅程就是一连串跳入未知的体验，你像勇于挑战的战士，具竞争力、好胜心，总是挑战自己的极限，对进入全新的领域毫不迟疑，也因而能获得崭新的体验。同时，这过程也引发众人跳脱日常既定的轨道，进而去尝试他们先前从未有过的体验。

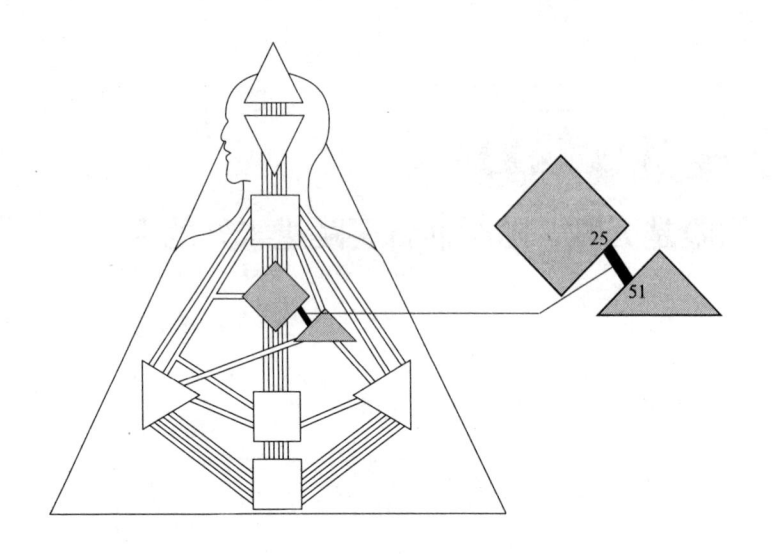

回应未知，勇于冒险

有一个很妙的例子可以来说明这条通道的本质。有这条通道的人，在他们还是小朋友的时候，如果玩起积木或者堆沙堡的游戏，他们感到最快乐的那一刻，是终于完成之后心满意足地将之推倒的那一刻。对他们来说，因为留恋而想保存到永远，并不是他们所追求的境界。因为在完成的瞬间，代表这游戏已经结束，毫无眷恋地推倒它，代表的是可以重新再开始了。他们已经准备好更跃跃欲试地，接着去玩下一个全新的游戏。

活出你的天赋才华

有这条通道的人，本质里有勇于冒险的成分，如果他们选择尝试，就会勇往直前，与生俱来洋溢着一种天真无畏的气质。旁人总觉得他们勇气十足，不断想尝试别人没做过的事情，例如，他们往往是同侪中第一个去高空弹跳，或选择转行投入全新产业的人。而"勇敢"是别人看待他们时的感受，对他们而言，未知就像召唤，他们只是单纯去回应罢了。

这整个大千世界对有这条通道的人来说，就像是一座巨大的花园，花园里面有各式各样的奇花异草，奇妙的蜿蜒曲径，还有无限广阔的山坡与草原。既然如此，为什么不倾其所有，尽情尽兴地来探索这未知的一切呢？对他们来说，尝试新事物不需要勇气，纯粹是"这样才算真正活着"的感觉。他们特别容易与热血的召唤相呼应，例如"这件事情现在不做，以后就不会做了"或者"人不痴狂枉少年"，他们一听见这种热血的言语，就恨不得马上投身去尝试，风风火火去进行一件件石破天惊的大探险！

他们喜爱生活中充满大大小小的惊奇，就算日日在不同的城市醒来，或经常搬家，只要能享受新事物和新经验带来的刺激与灵感，就足以让他们兴奋不已。他们拥有不折不扣勇敢又叛逆的灵魂。拥有这条通道的人，无法在约定俗成的社会规范里，获得渴求的人生智慧。他们去冒

冒险是天赋，随时准备要跳进未知的人

险,在未知中得到新体验,从中对自己与世界有不同以往的认知,而突变与进化就变得有可能。

跳脱惯行轨道,引发别人体验新事物

对他们来说,跳入未知不仅只限自己一人,他们也很擅长让旁人脱离常轨,引发众人去尝试一些平时根本不会涉猎的全新事物。这冒险的体验可能引爆前所未有的危机,也可能无比美妙,让各自的生命更加精彩。冒险的行径在于跳脱惯行的轨道,无关好坏,结局不管是危机也罢,转机也好,都将在各个不同的层面带来突破与成长。在身心灵领域的许多导师都具备这条通道,他们特别喜爱设定野外求生等课程,协助一般人跳脱既定的生活轨道,透过各种锻炼的过程,带领学员跳入未知,从中获得崭新的体验与成长。颠覆不管是好是坏,是惊吓是反感或者是惊喜,都可以引发大家更进一步去反省,深切去思索信仰与生命的本质。

而这也就是有这条通道的人对我们所做出的贡献——如果他真实活出了自己的设计,像个孩子般无所畏惧地去尝试各种新的事物,像是高空弹跳,或者去北极看极光,他的行为本身，也会引发周遭的人开始热血沸腾，有股迫切渴望去体验新事物的冲动，从而展开属于自己的探险。

不回顾，只奋力冲刺以迎向新挑战

在工作上，他们像短跑选手，很适合项目型的工作形态：设定目标，然后达标，任务结束。结束后觉得心满意足，休息，然后再准备好进行下一个明确的项目，宛如一次又一次的探险计划。他们不喜欢单调或重复性高的工作，因为旧的经验已经无法让人成长，他们必须不停地迎向新挑战。他们尤其喜欢目标明确，具有截止日期的案子，为此奋力冲刺，但要注意的是，当全力以赴做完一件事之后，要记得好好休息与放空，任务与任务之间不能无缝接轨，否则精力和心神容易衰竭。

在情感上，喜欢跳入未知的特质，对维持稳定的感情是不利的。他们不念旧，不喜欢回顾。当他们认定某段感情已结束，那么对他们来说，这件事情就是走到尽头了，他们绝不是分手后会藕断丝连的人。别人心中珍贵的"曾经"，对他们来说毫无吸引力，他们觉得已经走完了一段感情，该展开新的旅程了。

冒险是天赋，随时准备要跳进未知的人
——

那么，什么样的情人适合这条通道的人呢？最好对方是一个永远不会让他厌烦，永远都有新鲜事可挖掘，值得去探索，永远不会让他感到无聊或厌烦的人。可想而知，能不断满足他们底层渴望的情人实在太少，于是他们经常被指责为无情或不可捉摸。其实，如果你深刻理解他们，你会发现他们真正的迷人之处，就在于不断冒险，为人生带来诸多乐趣和体验。何不给他们一点空间，让他们去自由探索，让他们带领你去体验人生吧，那将会对你们的关系带来意想不到的惊喜！

给这条通道的人的建议

尽情地进入未知领域，不要一直停滞不前，甚至怯于出发。请正视自己内心对于冒险与挑战的呼应，在跳入未知时，你可能吓到自己也吓到别人，但也唯有在这种时刻，你才会体验到自己灵魂的独特性以及潜能。有的人来到地球，为的是引发众人也能有新的体验，对生命有新的体认。

通道名人：高迪、西蒙娜·德·波伏娃

26—44 投降的通道

顾客的心理，他们最了解

定义

基于本能，理解对方的需求，在此前提下，选择将适当的讯息传递出去，并自然而然地让对方了解、接受你销售的任何概念或商品，这是你与生俱来的本能。天生擅长传递讯息、营销产品或是理念，是你独特的天赋。懂得如何精准地将想要表达的内容，传达给特定的对象或族群来达成目标。

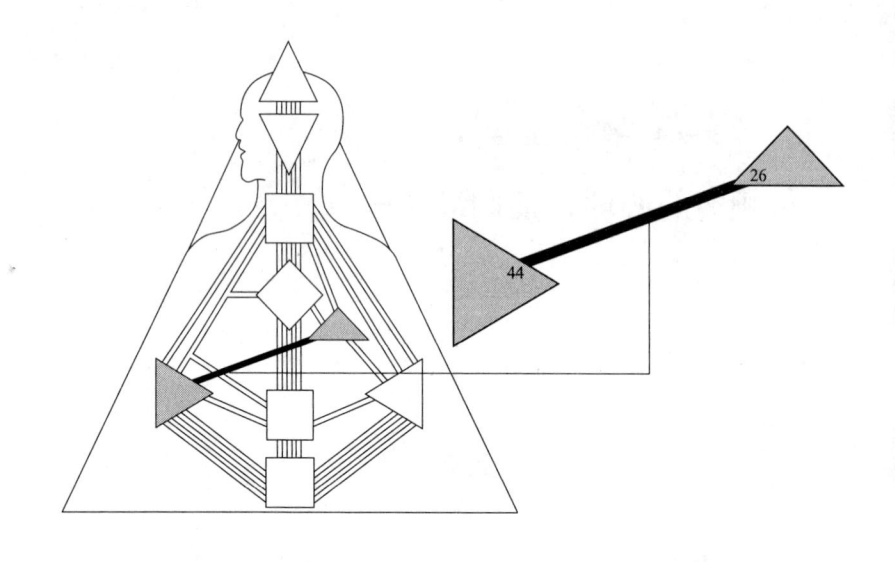

努力，是为了找到关键的转折点

这条通道的人具有知人善任的天赋才华，他们擅长挑好东西，能看出人的潜能与事情的潜质，并且懂得如何定位、如何推销，好让别人埋单。换言之，这是一条非常擅长传递讯息、推广营销的通道。营销的本质是传递讯息，知道别人的需求在哪里，用什么样的诉求点来打动对方。有这条通道的人，宛如本能般洞悉对方的心理，具备敏锐的直觉，明白以什么样的角度切入最适宜，不管他的口才好不好，都能打动对方的心，以达成原本设定的目标。

活出你的天赋才华

老实说，这条通道的人并不相信"吃得苦中苦，方为人上人"那套人生哲学，对于"一分耕耘，一分收获"也感到相当无趣。他们认为，像驴子一样拼命，还不如找对方法，聪明地工作才是王道。说真的，若能找到人生中那难得的关键转折点，四两拨千斤般瞬间翻转人生，那就太棒了。他们内心是多么希望能在某个对的时间点遇到对的人，从此平步青云，再也不必汲汲营营。他们企盼找到做事的诀窍，以杠杆原理来扭转局面，若是从此心想事成，那该是多么美好的快意人生。

懂得展现自我、擅长人际布线的莱昂纳多

有这条通道的人既然懂得挑选好东西营销出去，他们当然也很懂得如何表现自己、营销自己。且他们的意志力惊人，一旦设立目标，认定是自己所要的，就会坚持执行到底，不肯善罢甘休。女神卡卡和莱昂纳多·迪卡普里奥（Leonardo DiCaprio）都是这条通道的佼佼者。以莱昂纳多为例，他刚出道时，拍的多为艺术电影。他擅长忧郁、神经质的角色，年纪轻轻，演技出色，与之演对手戏的一位女演员曾说过，莱昂纳多是自己所见过的演员中，最有

天赋的一个。但是，莱昂纳多要一直到出演《泰坦尼克号》之后，才开始大红大紫，就此跃上国际巨星之列。他的走红在我们看来似乎是幸运之神眷顾，但事实上，他为了转型，早已做了许多布局与安排。十六岁时，他为了有机会结识名导马丁·斯科塞斯，次年立即换掉自己的经纪公司，为的就是争取更多机会认识导演，后来，他果然顺利争取到自己想要的角色。这条通道的人聪明，他们的聪明并不仅限于在专业领域上下功夫，他们更擅长布线，擅长如何说服对方看见他们的优势，拔得头筹，抢得制胜的先机。

莱昂纳多因为《泰坦尼克号》中杰克这个角色，获得国际关注后，有了更多筹码与资源来尝试各种各样的新角色。一次又一次，他不断证明自己的才华，不断翻转大众对他的既定印象。出于敏锐的直觉与强烈的自信心，这条通道的人一旦决心要得到什么，会单刀直入，勇往直前，为求目标，全力以赴。

唯有成功，才能满足自己与家族的需求

若能穿过这光鲜亮丽的表象，直视底层深处，其实，他们的内在存有巨大的恐惧。恐惧好景不长，恐惧眼前的富足终将崩垮，所以，他们更要追寻成功，寻找更棒的机会。他们充满上进心，因为唯有让自己不断进步，才有更大的机会能找出翻转的关键点，如此便能一劳永逸，满足自己，同时也满足家族部落的需求。

这是一条与家族息息相关的通道，他们之所以有如此强烈的动力，认为自己非得成功不可，并不只是为了自己，而是为了一群人的利益而奋斗。他们将家人或自己所归属的团队视为整体，为了族人的利益，为了满足部落的需求，为了让家人过上更好的生活，他们能灵活机动地随市场的需求，巧妙调整其定位。他们善于成交，是因为他们内在强大的动力，让他们使命必达，即使采取过滤讯息、巧言令色、闪避必要信息等种种引人非议的认知和做法，为了族人的利益，他们也在所不惜。

这条通道的人希望能以最少的付出，得到最大的收获。在旁人眼中，他很聪明，不浪费自己的时间和精力。这种特质在西方社会被视为创业家精神，能聪明地看到商机，精确出击，但是却不见得能在重视勤勉的东方社会里被接受。在东方社会文化下长久被制约的结果，导致有许多拥有这条通道的人，对自己的"聪明"缺少肯定，总觉得自己不够勤劳努力，为此自责不已。

顾客的心理，他们最了解
———

其实，这条通道的人很有创意，他们在连接社群这件事情上特别有天分，宛如本能般懂得如何传递讯息，可以操控大众购买某些产品。他们真的很适合营销工作，或者从事电影、广告或业务营销方面的工作，若能有耐性等待知音人的赏识，自然能抓住机会，发光发亮，成功指日可待。

---给这条通道的人的建议---

为了一项任务或项目，你总会要求自己全力以赴。但是，记得在每一次冲刺与努力之后，留一段空窗期，让自己好好放空休息。

懂得别人的心理并投其所好，以聪明的方式完成工作，并取得最大资源获得成功，让家族过上更好的生活，这就是你的天赋，请好好珍惜。

通道名人： 莱昂纳多·迪卡普里奥、女神卡卡、李嘉诚、奥利弗·斯通、米歇尔·菲佛、三岛由纪夫、莫扎特

27—50　保存的通道

最值得信任的人

定义

家族价值观的守护者，社会体系的维护者。非常重视教育，持续不断地向家族里的人发挥影响力，改变他们的价值观与想法。既定的传统价值透过你的存在得以传承，并形成一股稳定人心的力量。这条通道的人，天生散发出令人信赖的能量场，因为你总是以身作则，值得众人托付与信任。周围的亲朋好友，选择将他们所重视的物件或任务交托给你，忍不住依赖你，但你也因此容易承担过多的责任，以至于无法好好照顾自己。

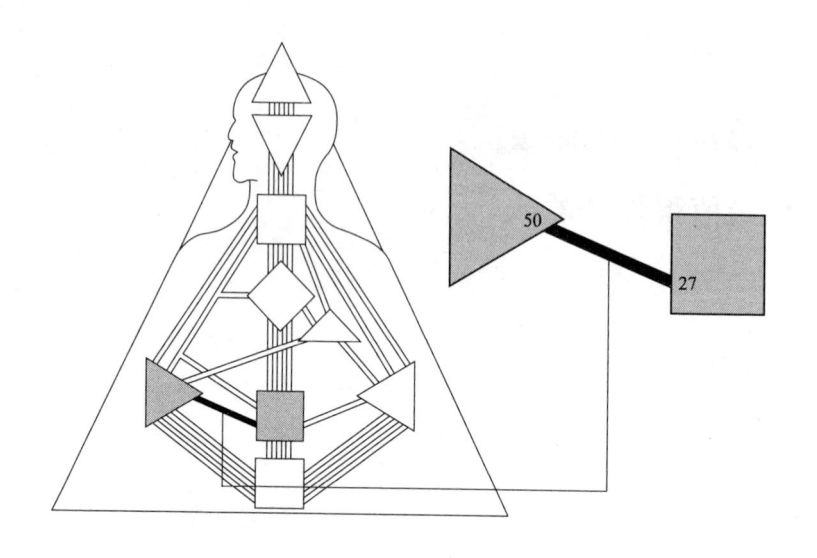

坚持家庭传统价值观的朱莉·安德鲁斯

电影《音乐之声》中饰演家庭教师的朱莉·安德鲁斯（Julie Andrews）是这条通道的代表人物。不管是剧中角色，或者安德鲁斯本人，都很贴合这条通道的特质。她在电影中饰演的玛丽亚原本是实习修女，修道院希望她去接任一份工作：担任七个孩子的家庭教师。这七个孩子的妈妈早逝，爸爸则是军人、官拜上校，他以军事管理的方式教育小孩却没有成效。当温暖有爱的玛丽亚来到这个家后，她教孩子们唱歌、游玩、演布偶戏等才艺，慢慢感化并赢得了孩子

活出你的天赋才华

们的喜爱。在这部影片里,玛丽亚这个角色,完整呈现出这条通道所代表的含意,滋养关怀下一代,同时也要教育他们养成正确的价值观,缺一不可,方为教养的真义。

朱莉·安德鲁斯扮演的家庭教师形象,深植人心。或许就是因为在真实的世界里,她本人具备这条通道,那种天生散发出自然而然"值得信赖"的气质,说服了全世界的观众,她就是那慈爱的玛丽亚老师,不做二人想。而安德鲁斯本人,其实也是一位坚持家庭传统价值观的女性。她与丈夫结婚四十余年,恩爱不弃,她也非常喜欢照顾小孩。除了自己的孩子,她还收养了好几个孤儿,更以朱莉·爱德华为笔名,以作家的身份,出版了数本儿童文学作品。

提供滋养、以身作则的家族守护者

拥有这条通道的人会负起照顾一家老小的责任,是家族的守护者。他们提供资源,滋养大家,这滋养可能是食物、时间,或者是照顾的心力。他们大多喜欢下厨,以食物喂养众人。这喂养既可以是物质的,也可以是价值观的喂养。透过他们的教育与养护的过程,同时传递属于家族内部的价值观,最后形成这个家族里每个成员遵循的法则。

最值得信任的人

他们认定某些特定而美好的传统价值观,既然要教化家族里的每个人,自己当然要先以身作则。他们的存在是如此坚持而稳定,值得信赖。既然成为家族中制定准则的人,他们一旦确定了家族里是非对错的标准,所建立的价值观就不会朝令夕改。他们是稳定家族的磐石,是家族价值观的守护者与传递者。

也因为如此,这条通道的人过得比较辛苦。一来,他们是制定规则的人,是非对错对他们特别重要。在判断与制定规则的过程中,相对也给自己设下诸多框架,不停提醒自己什么可以做、什么不可以做;什么是对的、什么是错的。若是遇到与自己相冲突的价值观时,也会特别看不顺眼。二来,他们自己一定会以身作则,遵守自己制定的规则,他们很稳重、老成,相对也变得守旧,持续地教导与传递固有的美好,守护着自己所爱的人,不动不移。

不负所托,值得信赖

有这条通道的人,一出现就很容易博得大家的信赖,也因此他们真的很适合从事与儿童、保险、土地、房产商业中介、银行等相关的行业。这些全都是对人来说很重要的事物，特别需要安全感。我们将重要的任务托付给有此通道的人，相信他们必会不负所托，值得信赖。

当有这条通道的人照顾别人、承接别人交付的任务与责任时，要特别注意先将自己照顾好，让自己先得到滋养，否则承担过多容易劳累。对于需照顾的人、事、物，他们也要正确回应，若直觉认为某人某事有问题，请信任自己的直觉，不要将所有事物都揽在身上，否则最后不但无法照顾别人，自己也会身心俱疲，先垮下来。

给这条通道的人的建议

你喜欢照顾别人，很懂得如何与孩子相处，在照顾的过程中让孩子得到最好的滋养与教育，自然而然变成家族的守护者与资源的提供者。付出的同时会心甘情愿，非常快乐，照顾别人时也会无怨无悔。但若被辜负或背叛，会非常难过而断绝滋养！此时，自己受到的伤害也很剧烈，所以正确地回应照顾对象和选择受托的任务，是你重要的课题。

通道名人：朱莉·安德鲁斯、李小龙、朱莉·德尔佩

28—38 困顿挣扎的通道

找到意义,化不可能为可能

定义

你的人生是一条英雄之路。你在生命中最热切渴望的是来一场奋战,克服途中种种困难,站出自己的立场,坚持着信念,走出一条与世人截然不同,专属于自己的道路。

拥有这条通道的人内心总在质疑与挣扎着,自己这样做是否有意义?所谓的困顿挣扎,其实是非常个人的议题,他们却因此经常处于忧郁的状态。旁人无法理解他们为何要因此而受苦,殊不知对他们来说,最大的恐惧,并非困难险阻,而是生命虚度。若所做之事毫无意义,宛如

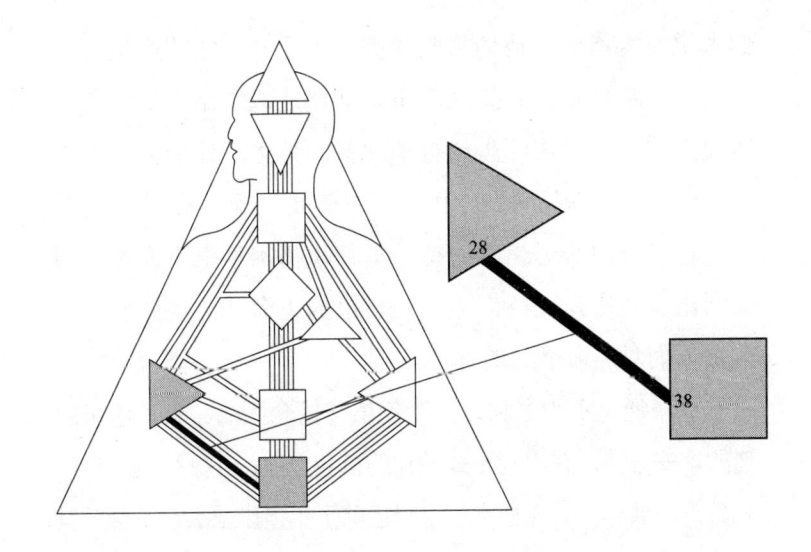

人生交了白卷，诸事皆空。相反地，一旦让他们找到意义所在，就能将原本困顿挣扎的折磨，转化为不可思议的力量，反转不可能为可能。他们是如此顽强坚持，用力奋战，最终能创造出奇迹，走出一条蜕变之路。

找到意义，全力奋战

这条通道的人活着最重要的事情是，找出对他们有意义的人、事、物，并且全力为此奋斗。有没有意义，对他

找到意义，化不可能为可能

们来说非常重要。他们得先找到其中意义，才能产生行动的动力。若是真正有意义的事，即使达成之路困难重重，宛如天梯，也无法吓阻或打消他们的信念。他们会恨不得快点上路，顽固坚持，为之努力奋战。既不在乎世人眼光，也能与内心恐惧相对抗，即使事情困难也不惧怕，因为活出真正有意义的人生，让自己的生命从此炽烈燃烧，就是他们对生命最大的渴望。

这条通道不为名利，只为价值与信念而战。具备这条通道的李安导演，在得到正式拍片的机会之前，在家失业六年。他并没有放弃，虽然他常笑说自己除了拍电影什么也不会。其实拥有这条通道的人，底层就是有一种一切非如此不可的执着，但凡是自认为有意义的事，就能不屈不挠地坚持下去，越是逆境越有韧性。对李安导演来说，日后他在电影题材的选择上也反映了这一点。若是他认为有意义的事，就无关乎理智，变成一种执迷，不管过程如何困难重重，也不管内在需要经历多少纠结挣扎，都难不倒他。

活出你的天赋才华

不为名利，只为价值与信念的村上春树

而同样是这条通道的代表人物，日本文学作家村上春树，也是强烈表现出"为意义而战"的典范。他的作品，特别是中后期的创作，大量描写关于平凡的人面对权威、暴力、不合理的对待等，所呈现出的态度与想法，以及生命有何意义的探索。关于灵魂层面的大哉问，总能吸引住这条通道的人。而关于生命的意义，则其实是非常个人化的理解与追寻，最有名的例子便是村上春树在2009年获得耶路撒冷文学奖时的演讲。当时，国际上对他去领奖这件事有很多批评，认为此举是支持使用武力的国家。而村上说，他真实想传达的讯息是："在一堵坚硬的高墙和一只撞向它的蛋之间，我会永远站在蛋这一边……如果小说家为了任何理由，写了站在墙那边的作品，那么这位作家又有什么价值呢？"村上的发言阐释的正是拥有这条通道的人最在意之事：找到自己做与不做的意义，只要足以说服自己，就可以无视威胁，就可以为捍卫自己的理念而战。因为对有这条通道的人来说，世俗的肯定向来不是他所关注的焦点，至于写作也绝非为了金钱或名声。价值与信念密不可分，若生命没有意义，就算得到全世界的掌声，活着也没有价值，不会开心。

找到意义，化不可能为可能

找到归属的意义之前，必须经历困顿挣扎

然而，困顿挣扎的重点在于意义难寻。他们在找到生命里那真正值得归属的意义之前，纠结的过程简直像活在暗黑的地窖之中。不知为何而战、为谁而战，那内在看来无穷无尽的虚无的黑暗，彻底淹没了他们的心，很容易让他们觉得眼前的一切都毫无意义，抑郁至极。他们无法接受只是活着，而不去做有意义的事情。但是，百转千回让他们反复质疑的是，对我来说，这件事真的有意义吗？真的要去做吗？找出答案前，他们纠结挣扎充斥着无数质疑，因此饱受痛苦，处于一种日复一日作茧自缚，冷酷又孤寂的心境里。

这世界上大多数没有这条通道的人，常常很难理解他们为什么要如此钻牛角尖？为什么要挣扎？有意义没意义又如何？这样执着下去，不就只是折磨受苦，平白跟自己过不去吗？或许连有这条通道的人自己都想不明白，也不懂自己究竟是怎么一回事儿。在没有找到意义之前，生命的一切都宛如阻挡在眼前的万丈高墙，唯有找到意义，手持足以让自己心悦诚服的答案，才能像是终于获得神秘的心法，才能像是突然开窍一般的，施展轻功飞奔，视原本的障碍为无物，施展内在蕴藏已久的力量。

活出你的天赋才华

假想整体人类是不断进化的一个巨大轮轴，当我们习惯约定俗成的规范，习惯合群从众，却忘记环境不断改变的事实，那么我们该如何与时俱进？就如同《天地一沙鸥》里的那只海鸥岳纳珊，无法接受飞翔只是为了在码头乞食面包屑。我们习惯的并不代表就是真理，总要有个勇敢的灵魂愿意先站出来，挑战约定俗成的规范，渴望找到以往从未存在的可能性。然后，开口问出这个关键的问题：这究竟有什么意义？

困顿挣扎虽痛苦，坚持终能踏上英雄之路

　　他们无法接受"别人都这么活着，所以自己也得如此"的态度，看似反叛的质疑，或许前方还是无止境的灰暗，但也有机会带来全新的光亮。他们也不愿意妥协于任何借口与理由，若是找不到满意的解答，得不到自己满意的答案，他们就自行踏上追寻的旅途。

　　在现实人生中，有这条通道的人，人生中或许会有一段很长的时间，并不知道自己究竟要做些什么，一边拼命质疑世人所做的一切意义何在，一边在内在既纠结又痛苦，感到失落。村上春树就承认自己年轻时既固执又叛

逆，求学时逃课、抽烟、打麻将。他不想学的、没兴趣的东西，再怎样都不学。不喜欢学校的教育方式，英文成绩始终平平。但是，当他喜欢上美国惊悚小说时，就像是心中有股难以抑制的热情在呼唤着，让他克服英文的障碍，日后竟然成为专业译者。他的许多作品内容写的都是渺小的个人如何奋力对抗命运中突发的横逆。村上借着写作来探讨，生命如此痛苦，那么，活着的意义何在？不论李安或村上春树，在个人生命或作品中，都强烈且持续地呼喊出这个主题。

有此通道的小孩，容易被大人觉得叛逆、难以管教。他们可能很讨厌上某些课，所以大人反而要尊重他们，试着理解他们并一起去了解到底什么是有意义的。一旦克服自己内在的纠结，他们就会无视外在的阻碍。当他们找到意义，就会站出立场。他们特别有文字才华，能以文字煽动别人，透过辩论与讲述，反复厘清对自己而言有意义的事情究竟是什么。这过程足以激励更多人，也踏上追寻的旅程并再去激励旁人。

摸索的过程虽然痛苦，但坚持信念，必定会找到出路。他们内在的力量是如此强大，有一天，终究会找出意义，绝对能化不可能为可能。

> **给这条通道的人的建议**
>
> 意义是属于自己非常个人的议题，当你被突如其来的忧郁所淹没时，请相信你的存在必定具有重大意义。你可以带着自己的困顿与挣扎，多方尝试探索，毕竟很多事情没试试看，怎么知道是否有意义呢？虽然活着对你来说并不轻松，但是纠结不是目的。请相信自己，继续走下去，你必定可以找到热情之所在，坚持你认为有意义的事，化不可能为可能。

通道名人： 村上春树、李安、阿基师、詹姆斯·卡梅隆、波诺、宫部美雪、曾雅妮

找到意义，化不可能为可能

29—46 发现的通道

"我不喜欢输的感觉"

定义

这是一条在不断采取行动之中获得体验的通道。当拥有这条通道的人清楚做出承诺，然后彻底并忘我地投入其中，放下对输赢的执着、比较的心态与对结果的期待，全力以赴地尽情活在每一个当下时，就能学会其实人生并没有所谓的胜负，而是一段持续探索的过程。

累积人生历练的过程中充满承诺或混乱，做出对你而言正确的选择，义无反顾地走到最后，才会真正明白这段体验要带给你的是什么，你从中学习到的又是什么。

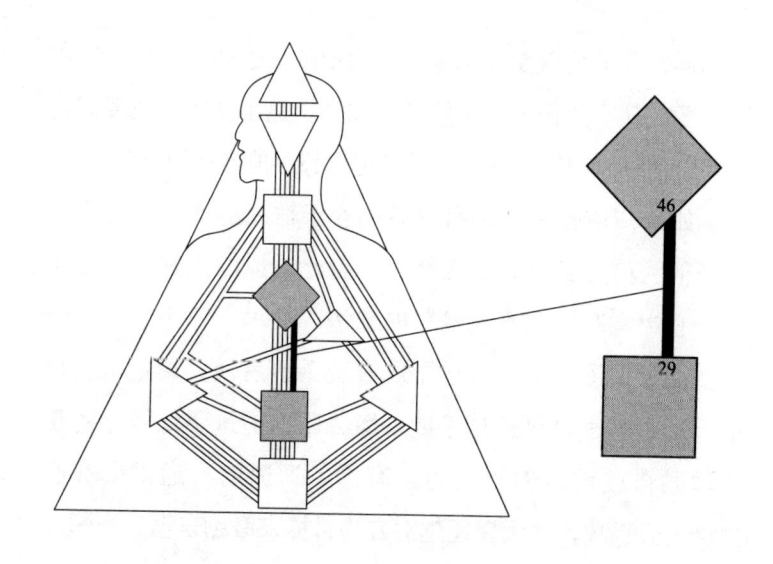

竞争是铃木一郎前进的驱动力

去年有个震撼人心的广告疯狂地在网络流传,广告内容是一篇以《我的梦想》为题的作文,写这篇作文的人是现在被誉为日本史上最强的棒球好手铃木一郎:

"我三岁的时候就开始练习了……三百六十五天里,有三百六十天都拼命地练球。……我想这样努力地练习,一定可以成为职业棒球员……总之,我最大的梦想,就是成为职棒选手。"

你能想象这是一个小学六年级、年仅十二岁的小学生

"我不喜欢输的感觉"

写的吗？他的语气是那么坚定，而他的确也如自己立下的志愿一般，从小风雨无阻地练球。如今，这个立下"我要成为职棒选手"志愿的小学生，早已远远超过他当初的志向。

如果知道铃木一郎有这条执着于输赢的通道，就不会奇怪他为何这么拼、这么努力。有此通道的人好胜、好比较，心中常有"我不能输"的想法。铃木一郎小学五年级时参加了全国大赛，看过了所有选手的表现，确定自己是第一后，勉励自己还是不能松懈，跟别的选手比较绝对是他激励自己前进的驱动力。有这条通道的人通常会在心里设定假想敌，每天以超越对方为目标来激励自己。当超越了这个假想敌，他会非常开心自己"赢了"，接着会再设定另一个假想敌，他是在与假想敌比输赢，在超越对方的历程中，完成自己的目标。

广泛来说，有这条通道的人不见得要争第一，但他们无法容忍自己在标准之下。以念书来说，如果他在比较差的班，可能就是班上前十名；在好班，也是班上前十名。在任何领域，从事任何竞赛，他都会要求自己保持在某个标准以上，总之他绝不会落人之后。以跑步来说，若整个田径场上只有他一人，他会跑得有气无力，但一有对手，马上就会生龙活虎，因为他不想输。而如果跑步是他的志业，他会在内心设定要超越的敌人，时时在练习或比赛中与之竞争。

活出你的天赋才华

若过于在意输赢，反而无法投入体验

超越假想敌的好胜心，是这条通道坚持下去的力量，如此才有完整的体验。计较输赢对他们来说是生命底层的燃料，争强好胜真正的目的在于完成体验。但是，很多人只停留在燃料的阶段，不停地比来比去，一时落后便丧志，一时超前便得意扬扬。更坏的状况是，若过于在意输赢，可能因为怕输，根本连试都不敢试，如此不仅没有探索的机会，也没有体验到任何事物，就无法因历练而成熟。

所以，拥有这条通道的人的重点在于："我体验，所以我发现，而人生是所有体验的综合。"他们要从这些不同阶段的输赢体验中领悟到，虽然很多事情他们都不想输，但其实人生根本没有真正的输赢，有时认定的输，是奠定下次赢的基础；有时赢了，但也可能是之后输的开始。换句话说，拥有这条通道的人应该学习的课题是：与人比较输赢只是表面，人生真正的目的是要拥有完整的体验，如此人生才会成熟。

这条看似好胜的通道，同时也是"发现的设计"。如果你有这条通道，你的生命会在体验中成熟，而不是脑袋先想出合理的逻辑才去执行。身体力行，完全投入去体

"我不喜欢输的感觉"

验，对于要投入之事做出"承诺"，并决心去实践，走到底才会惊喜地发现，原来这过程如此神奇，获得的体验是如此不可思议。换句话说，若能带着承诺与决心，从头到尾完整地走完，毫不保留地去体验这过程中所伴随而来的一切，把"不能输"当成是驱动自己往前走的动力与诱因而非目的，那么，最终的结果往往比原先预想得更好，成就更多。

"不能输"只是燃料，忘掉输赢，全心投入最赢！

铃木一郎活出这条通道的设计在于，他好胜，他不想输，所以他拼命练习。但他不只停留在表层的争强好胜，他十二岁时便坚定地做出承诺要成为职棒选手。他一步一步前进，不仅成为日本职棒选手，还前进至美国职棒大联盟，他完成不同阶段的目标后，仍持续往前探索。他曾经这么说："就算已经交出漂亮的成绩，我也不能停留在原地。"现在他的目标是世界大赛的冠军戒指。

这条通道的人一旦做出正确的承诺，接着身体力行走到底，会给人一种毫不啰唆、干脆投入的爽快感。奇妙的是，当他们忘了输赢，单纯只是完完全全投入当下时，通常就会赢！那真是神奇的一刻，原先执着的好胜仿佛消失了，输赢也不复重要，他们只是忘我地探索着，体验着过程，就会创造出绝佳的成果。反之，当他们只执着于输赢，对自己与别人的表现斤斤计较时，则往往会输，这就是这条通道的吊诡之处！所以，当铃木说出"世上有很多事情无法说清楚，我只能说我就是很喜欢棒球这项运动"这句话时，我们了解到这真的不是一条理性逻辑可以说得清楚的通道，只能透过身体去感受与体验。当拥有这条通道的人纯粹而完整地投入之后，所感受到的、所体验到的，绝非只有输赢，而是更高远的忘我境界。

给这条通道的人的建议

你人生的成熟度需要透过历练来加深，越来越成熟。体验你的体验，承诺你真心所爱，完完整整地去投入，不要一开始就只执着于输赢，你得走到最后，才会知道这些体验要带给你的礼物是什么。记得：人生不是只有输赢而已，全心投入最赢！

通道名人：铃木一郎、奥普拉·温弗瑞、梅格·瑞恩、亨利·福特

"我不喜欢输的感觉"

30—41 梦想家的通道

渴望的源头，有梦最美

定义

你是一个天生伟大的梦想家，此生的智慧来自探索各式各样的感觉与情绪。你一生怀抱远大梦想，虽然不见得每一个都能在有生之年内彻底落实，但那又如何？重点并不在于梦想能够实现，而在于享受梦想本身。在这段筑梦的过程中，认真实现并乐在其中，不是只有自己单独一人而是懂得挑动众人的情感，激发大家朝着共同的希望与愿景共同努力，从而让这个世界更美好。

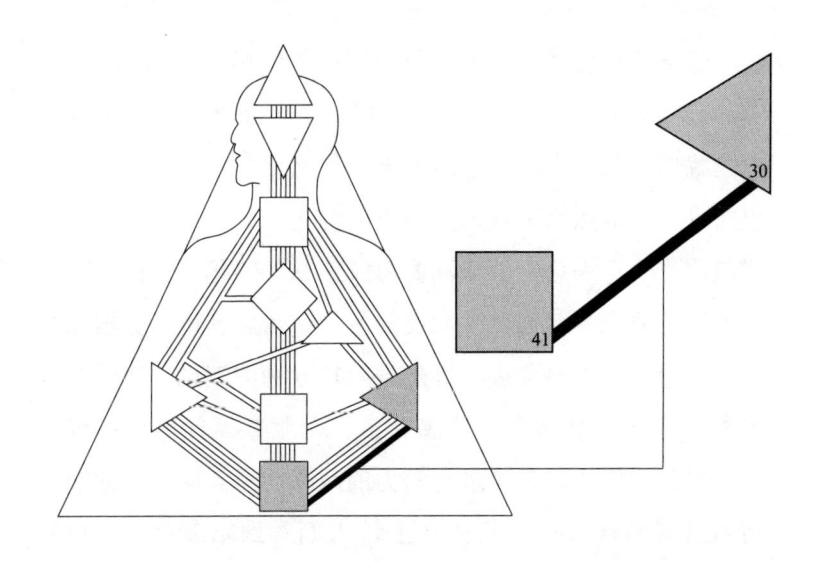

因梦想而发光，引领大家朝共同梦想前进的奥巴马

拥有这条通道的人是天生的梦想家，"有梦最美，希望相随"说的正是这种人。他们很可爱，一点都不无聊，他们充满活力与想象力，怀抱未来大梦，勾勒出许多美丽的蓝图与愿景，总能在无形中让众人充满希望与幸福感。不可否认的是，当他们热血沸腾分享梦想的时候，根本就是一台宇宙无敌发电机，电力十足。同时可以热烈引发众人感情，让大家因感动而连接，进而心手相连朝着勾勒出的美好远景奋力前进。

渴望的源头，有梦最美

这一条梦想家的通道，是美国前总统奥巴马（Barack Hussein Obama）人类图设计里唯一的一条通道。在他身上，我们看到拥有这条通道的人如何活出了自己，因为梦想而发光，也点燃了众人热切筑梦的渴望。奥巴马是美国建国两百余年来第一位非洲裔总统，在2004年那场让他声名大噪的演说中，他以《无畏的希望》为题，诉求美国应该团结合一，不再分裂。那短短的17分钟的演说，让他打破种族藩篱，挑动众人情感，自一个默默无闻的地方议员，摇身一变成为全国最有潜力的政治明星。同年，他顺利当选联邦参议员，从他身上，人们看到未来改变的可能，充满希望。

在奥巴马身上，众人看到一种理想生活的可能性。黑人选民眼中，他是黑人；白人眼中，他是受过精英教育的中产阶级。在这原本分裂的美国社会里，奥巴马的出现，仿佛突破了人与人之间原本的猜疑与距离。他让人们开始愿意相信，人与人之间可以超越原本的政治立场，怀抱共同的愿望与梦想。当然，让全世界印象最深刻的，是他当选总统后所发表的演说，以接连不断的"Yes we can（是的，我们可以做到）"来阐述美国人民的创造力、进步性与国力的强大，让现场许多观众忍不住感动流泪。即使现在我们通过视频观看，依然都能感受到这场演说的庞大威力。他的阐述正是这条通道其中一个独特的天赋，他们能够鼓舞并挑起民众强烈的情感，引发大家朝共同的梦想前进。

渴望体验、尝鲜，为世界带来改变的契机

人因梦想而伟大，梦想二字一出，很难不夹带浓厚澎湃的情感。情绪是人类内心最大的动力，也是最不稳定的变因，渴望体验、尝鲜、朝梦想前进，被梦想所驱动的过程很美好。但是情绪来来去去，过犹不及容易失控，很难步步严谨。人们总会在这段筑梦的过程中，越走越发现，这条通道的人原本所描绘出来的蓝图过度乐观，也太过理想化，充满不切实际的成分，要落实、执行的难度极高，事实上难以实现。

梦想与空想，理想与幻想，实际与不实际之间，没有绝对。无可讳言，这条梦想的通道带来许多梦想，看来天马行空，不切实际。但是梦想就像种子，源自内在最原始的渴望，渴望体验各式各样不同的事情，渴望拥有各种感受，包括精神层面与物质层面。只要是之前没做过的，拥有这条通道的人都渴望，都跃跃欲试，这充满生命力的驱

渴望的源头，有梦最美

动力，正为这个世界带来改变的契机。

改变之后，好不好，没有人知道，但是至少与现在相比，会开始不同了。对拥有这条通道的人来说，好的体验固然很好，坏的体验也是一种体验，体验就是体验，有新的总比没有来得好。他们不想留恋过去，也不想重复，完成体验的一瞬间，内在的渴望已然完成。接下来，他们又将萌生新的渴望，开始追逐下一个全新的体验。他们要的是新的体验，因为渴望不同以往的感受与体验，他们会愿意尝试许多之前没做过的事情，之后也乐意与大家分享。他们享受在历练中成长的丰富人生，其经历过的体验，更是让人眼界大开。他们开启了人类体验的多元性，进而引动文明进化的历程。

享受在体验中成长的丰富人生

拥有这条通道的人，若能真实活出自己的设计，身上便会洋溢一种说不出的青春感，仿佛永远在期待下一刻，在转弯处。从他们的眼中所看到的世界，总是如此生意盎然，似乎永远都会冒出新鲜事，永远都会出现许多有趣的领域，正等着他们去探索，去钻研。他们脑中会跑出许多与众不同的想法，别人觉得他们很有创意，但其实只是他们容易厌烦，渴望创造出超越既定轨道的全新体验。他们内在常常为此感到焦躁与紧张，感觉非得迫不及待地去完成什么。殊不知这内在的情绪张力，就是宇宙赐予他们的推动力，让他们不断探索各种体验，并从中学习。

这是在体验上极其丰富的一生，无法安于现况，无法甘于平淡。若长期处于稳定而没有变化的状态，又重复做着同样的事情，会让他们发疯。他们期待从事的工作要很有趣，很有变化性，如果有幸身为他们的人生伴侣，请保持一颗开放的心，一起与之探索新的体验。好消息是你永远不会无聊，请准备好与他们共度这惊喜连连的一生。

如何善用这条梦想家通道，有一个重要的诀窍：莫贪心，莫贪快，否则容易全都落空，得不偿失。你的梦想可以很大，可以很多，但请一次一个依序渐进，完成一个梦想之后，再进行下一个。如此一来，每一回圆梦之后所累积的成果，都会让你的根基更稳固，同时也是最好的滋养，支持着你，坚定地朝下一个更灿烂的梦想前进。

渴望的源头，有梦最美

—给这条通道的人的建议—

你的梦想有很多,但是不用试图努力全部实践。重点在于让自己坦然经历所有情绪的高低起伏,最后那个内在的渴求对你来说,才是真正正确的答案。你需要学习耐心与平静,尤其在做决定的时候,不要躁进。

通道名人: 奥巴马、史蒂夫·乔布斯、猫王、梅格·瑞恩、迈克尔·乔丹、阿尔贝·加缪、凤飞飞

32—54 蜕变的通道

努力往前，点燃旺盛驱动力

定义

拥有这条通道的人，底层非常渴望获得世俗的成功与物质生活的富足，并为此努力工作。他们愿意从基层脚踏实地，一步一步往成功前进。这条通道能将内在能量转换成实质的报酬，克服一切限制，创业并永续经营。抗压性强，朝成功迈进的驱动力惊人，可以完成长程目标。需要注意的是，努力工作的同时，也要小心不要变成工作狂。

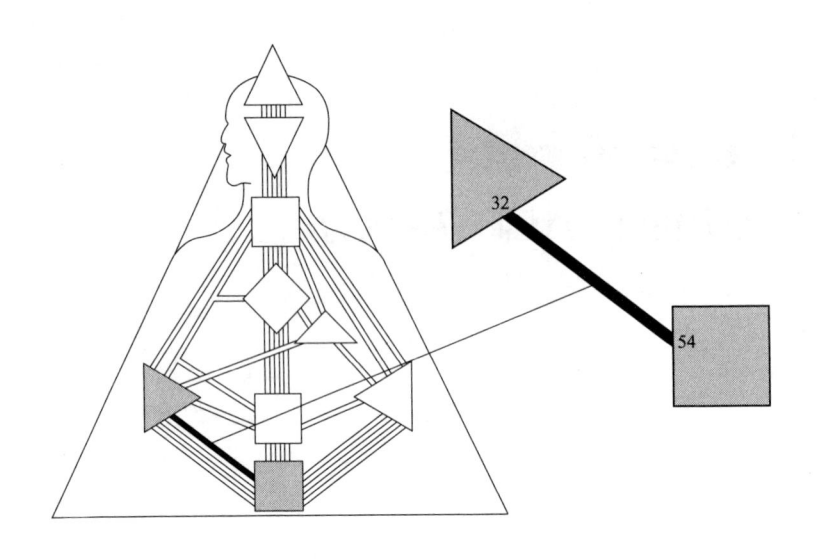

吃苦当吃补，因执着而成功的卓别林

这条通道的人企图心旺盛，内在有强烈驱动力让他们渴望成功。他们是会抱持乐观想法，却做最坏打算的那种人。当他们从基层往上爬，或者白手起家时，他们真的会非常努力。他们是"一分耕耘，一分收获"的奉行者，讨厌取巧，绝不偷懒，他们也不相信会有"礼物从天上掉下来"这种不劳而获的好事。他们不见得有什么伟大的理想，或者为意义奋战，但为了成功与过上好生活，他们的努力绝对不容置疑。他们会谨慎评估时间与收益，评估自己的价值与报酬，将精力、时间和资源用在对的地方。他们不做没有实质报酬的事情，他们付出努力时，必定想清楚要得到什么回报。

不管他们现在正处于人生哪个阶段，几乎都可以说，他们若不是已经成功，就是正在朝成功的路上迈进。有这条通道的查理·卓别林（Charlie Chaplin），仿佛以他的一生为这条通道现身说法。我们所知的卓别林是现代喜剧泰斗，他的表演方式影响了许多艺人，银幕上的形象更是深入人心：外表褴褛的流浪汉、小胡子与枴杖、不合身的窄衣窄裤。但进一步了解他的人生后，就会让人感慨他是多么辛苦、多么努力，才从小工人爬到世界知名艺人的位子。

卓别林从小生活在穷困中，在他很小的时候，父亲便因酗酒导致酒精中毒去世，母亲受不了贫穷而精神分裂。他从小辍学，当小报童、小仆、吹玻璃的小工人、游乐场的扫地工……后来开始在马戏团和杂技团担任小角色，慢慢地脱颖而出，成为知名的喜剧演员，还以百万美金合约成为当时世界上报酬最高的电影明星。这就是蜕变的通道，毛毛虫想变成蝴蝶，武媚娘想成为皇帝，就算出身卑微，他们也会持续努力，不放弃自己。

努力往前，点燃旺盛驱动力

脚踏实地，不走捷径，爱拼才会赢

这条通道的人对于成功非常执着，也相信自己只要努力，就一定可以达成目标。不管出身高低，对成功的渴望与驱动力会让他们自我鞭策，费尽一生的时间终于蜕变成理想中的人——事业有成、物质生活富足，获得世俗认可。卓别林到后来早已不再是褴褛小童，他从贫困的伦敦孤儿一路往上爬，英国的舞台不够他用了，他便转往美国。美国梦没有让他失望，他在好莱坞继续攀升，最后成为国际巨星，衣锦还乡，还被英国女王册封为爵士。他早就蜕变成蝴蝶了，但他依然努力，依然认真，将当初下层社会流浪汉的形象，以艺术表演的方式永远流传在世人心中。

这条通道的人通常会创业，成为实业家。卓别林不自满于伟大演员的身份，他成名之后，创建了自己的公司，开始自编自导自演。终其五十四年的演艺生涯，共拍了八十二部影片。拥有这条通道的人即使没有创业，也会不停地往上爬，以成为公司高层为目标。他们追求物质上的成功，例如很高的薪水与世人认可的头衔，即使还在基层，他也会是带着大家一起往前冲的好员工。很多有此通道的高层主管，都是从助理做起的，他们也不觉得这有什么辛苦，因为对他们来说"爱拼才会赢"，人生就是要努力才会成功。

但过度努力，小心变成工作狂！

他们对于别人想走捷径的工作心态，特别不以为然。对他们来说，就是努力努力再努力，如果失败了，他们会认定是自己的努力还不够，而不会思考是否努力错了方向。他们认为失败的因应之道是要加倍努力，更埋头苦干。"吃得苦中苦，方为人上人"，要成功就一定要吃苦，这对他们是天经地义的，所以今天若还没成功，那是因为吃的苦还不够！他们不认同想以小聪明一夕致富的态度，若别人偷懒闲散，他们也会很受不了。

这条通道的人除了对成功有强烈的企图心，也希望家人和家族能够过好日子。自己成功了，才能让家人也免于贫穷。所以他们会努力赚钱，积累资源。同时，他们也会谨慎评估，凡事做最坏的打算，以防堵失败。他们其实并非小气，只是内心隐藏着对失败的恐惧，所以他们乐观大胆往前开创的同时，也会更谨慎更小心地评估手上的资源，确保在朝成功的方向稳健前进着。

努力往前，点燃旺盛驱动力

> **给这条通道的人的建议**
>
> 你非常能理解自己与别人的才能、价值所在,也知道如何在彼此的需求与价值间各取所需。你必定能克服限制,完成自己所设定的目标,但是也要了解:要有耐心等待贵人,等待伯乐来辨识出你的才华,化为助力来协助你成功。在走上这条发达之路的过程中,虽然你离成功越来越近,但也可能变成极端的工作狂,小心别过劳而让健康恶化。适当的运动对于纾解你的压力和焦虑,非常有帮助。

通道名人:查理·卓别林、哈里森·福特、伍迪·艾伦

34—57　力量的通道

源自人类底层最原始的力量

定义

拥有这条通道的人直觉敏锐、反应快，随时皆能充分展现求存本能，身体恒常处于警戒与防守状态，对于当下发生的危险或攻击能立即回应。这是人类求存本能的原始能力。这条通道的人面对危险状况时身体反应的速度远在情绪反应或者脑袋思考之前。反应的当下，整个人冷静到近乎冷酷。这代表的是，身为一个人所具备的真正的力量。

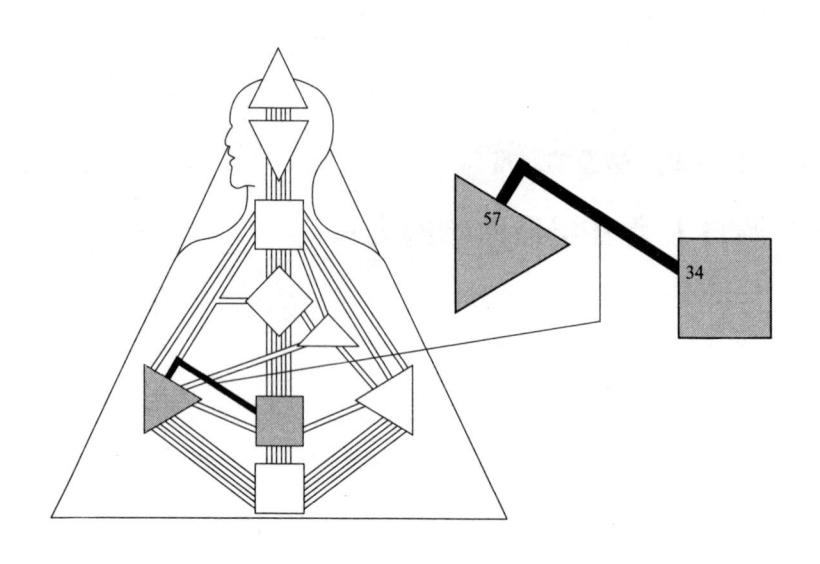

求生存，最原始的力量

这是一条为了活下去，在面对攻击时，会迅速回应反击的通道。好比人体的防卫机制，平时这套机制看起来仿佛没有在运作，事实上却是二十四小时不休眠的系统，只有在遭受攻击时，才会全面启动。在危险发生的当下，身体迅速回应，火力全开。换言之，拥有这条通道的人并不好胜，也不会主动攻击别人，他们只在遭受攻击时才回击对手，而且一旦回击，就火力强大。因为这对于他们来说，关系到的是生存，而非只是竞争或面子问题。也就是说，这条通道的人并非天生好战，回击的目的也并非想赢，他们纯粹就是为了活下去。

活下去，就是这条通道的奥义。若能相信直觉所传达的讯息，必能顺利找出求存之道。这是人类为了生存，建构于底层的坚韧不拔，是人类为了适应环境变迁，求取生存所展现出来的力量。求存，对生物来说，是最重要的事。先求自己能活下来，才能让自己的基因保存下来。虽然现在已经不像远古那样，需要时时保持警戒，聆听四面八方各式各样的讯息，以判断是否有潜藏的危险。但是，这根深蒂固如动物性的原始本能，还是如实保存了下来。这也说明拥有这条通道的人身形敏捷，对声音乃至周围所发生的一切都特别敏感。他们所聆听的并非语言，而是周围的人开口说话时所隐藏的弦外之音，然后判断当下是否安全，一举一动是否适宜。

他们对周遭任何细微的声音或波动都异常敏感，虽然在头脑理智的层面上常常无法说出所以然。例如平时可能睡得很死，但是不寻常的瓦斯味或敲门声，总能让他们在第一时间马上醒过来。对于任何不对劲的人、事、物，也能在第一时间内，如动物本能般迅速察觉。只要理性没有过度涉入，或者没有被情绪周期起伏所干扰，那么直觉所

源自人类底层最原始的力量

告诉他们的讯息，往往总是准确无比。他们反应快、直觉强，能在每个当下明确判断，做出最适当的决定。

直觉敏锐、临机应变的奥普拉·温弗瑞

美国脱口秀主持人奥普拉·温弗瑞（Oprah Winfrey）借着她异于常人的敏锐，还有灵活的临机应变能力，闯出了一番成就。初入社会，她原本想当新闻主播。很快地，奥普拉发现自己并不喜欢看着稿子有条有理地播报新闻，她总是难掩内在的冲动，想脱稿演出，立即告诉观众所有的消息。因此也不意外，主播的工作只做了八个月，她很快就被调至脱口秀节目里成为要角。奥普拉曾说，当她坐下说话的那一刻，她真的觉得自己回到家了。因为在别人眼中，要快速反应的脱口秀压力极大，对她来说却像呼吸般自然。那个当下她的直觉就是，这才是对的。事后证明，这也正是她事业版图的开始，她真的来对地方了。

众所皆知，奥普拉身材肥胖、长相普通，又是黑人女性，她在最重视虚华外表的演艺圈，究竟凭什么闯出一片天呢？这其中除了她的真诚坦白，博得观众缘，她坚持做自己的勇敢，也让人印象深刻。除此之外，当她主持节目

的时候，时时流露出的绝妙幽默感也令人称赞。她总能实时又适切地，游刃有余地回应访谈对象，同时又与观众自然互动打成一片，临场反应真是一流。最最让人印象深刻的是，她总能非常专注地倾听访谈对象所说的话，适切回应对方的情绪，甚至有时候还会陪着流泪，却不会失去焦点。她很清楚自己的定位，她既是陪伴者，也是主持人，这就是为什么她的节目让人感觉很真、很好看的原因。有这条通道的人善于随机应变，实时性的谈话节目，或各类活动主持人的角色，都非常适合他们发挥所长。

直觉强，反应快让他们化险为夷

拥有这条通道的人因为直觉强，似乎不易遇到危险，或者说，他们往往在危险发生之前，就有所察觉，而能先行闪避。若信赖自身敏锐的直觉，他们很自然地能判断出，哪些人有不正常的举止，哪些讯息其实已经流露出危险的警讯，而下意识先行远离。

当突发状况发生时，他们的身体会迅速做出反应。他们在当下，脑子可能来不及思考该有的步骤程序，至于情感和感觉，更是全然关闭，因为任何情绪如恐惧或愤怒，

源自人类底层最原始的力量

都会延迟行动的速度。在当下，他们只是单纯地回到动物本能，迅速回应所有讯息。看在别人眼里，会觉得他们很冷静，异常冷酷而近乎没有人性。但是，可能就是要等到所有应急措施皆处理完毕，他们才终于可以松懈下来，尽情发泄出压抑的情绪。

他们的力量强大，所采取的行动皆为了捍卫生存。若遭受攻击而没有反击，可能会持续招致欺压，攸关自身生死存亡。所以先顾好自己，维护自己的独特性非常重要。但相反地，若误用这股生命的动力来欺压他人，终究会在日后，引发更大的反扑力量。

若长期被制约，容易丧失回应力

这条通道之所以被称为人的原型，是因为人性里本来就具备求存的原始需求。每当深陷对未知的恐惧时，所引发的求生本能，其实相当冷酷与自私。这既非为了家族存续，也不是基于社会考量，单纯就是一股"我要活下去"的本能需求。

在每个人逐渐成长，趋近社会化的同时，这条通道所呈现的本能需求，极容易被压抑。社会传统价值观与诸多道德框架，不断限制他们利己、求生的原始本能。长久被制约的下场是，他们将逐渐丧失其回应的能力。悲哀的是，最后面临生死存亡之际，当存活受到威胁时，久经捆绑的他们，反而已经无法发挥这条通道的特质了。

所以请勇敢忠于自己，诚实面对自己内在的声音，单纯回应自己的渴望，完整地在每个当下，做出回应。如此一来，才能活出这条通道的能力与力量。

给这条通道的人的建议

相信自己的直觉，顺应本能生活，就会让你健康又长寿。关键是，让身体单纯地回应每一个当下的需求。信任身体的反应，听取身体对于环境变化的回应。当你学会依赖你的直觉，你将拥有身为一个人最真实的力量。

通道名人： 奥普拉·温弗瑞、铃木一郎、撒切尔夫人、阿基师、亨利·福特、凯西·艾佛列克、大卫·鲍威

源自人类底层最原始的力量

35—36 无常的通道

危机是转机，生命多精彩

定义

拥有这条通道的人人生充满丰富的经历，因为内心持续有冒险的渴望，希望能体验没有体验过的一切。这是一条经由累积各式体验的过程中累积智慧的通道。最后所得到的人生智慧就是，世事无常，没有什么是永恒不变，每一个你拥有的体验都会聚沙成塔，让人生充满广度与深度。

这条通道的人所说出口的话，带有浓厚的情绪渲染力，开心与不开心都表里如一。随着人生经验的累积，能以越来越有趣、越有创意的方式，分享自己精彩的体验和

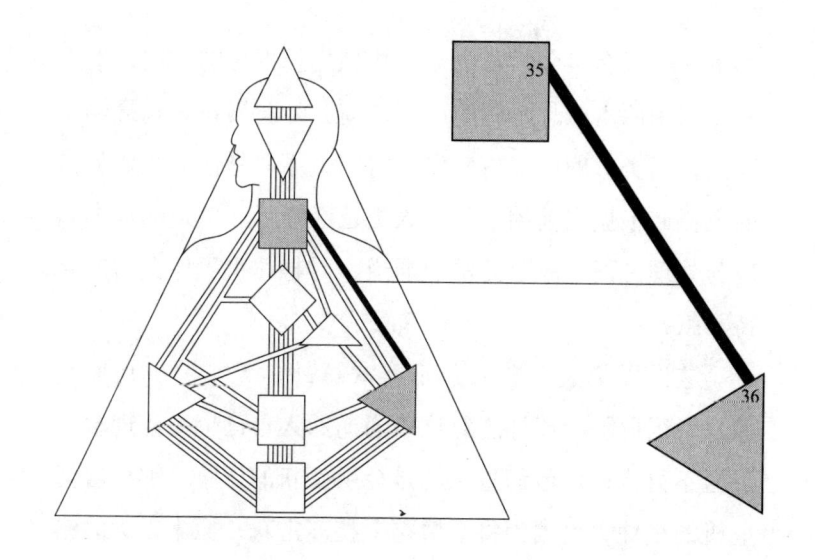

故事，以非常吸引人的方式让没有体验过他们经历的人，也能有共通的应变方式。

天生容易引发突发状况

拥有这条通道的人似乎非常容易遇到各种稀奇古怪的状况，同样的步骤或行程，别人经历一百遍都不会出错，轮到他们时，就是很奇妙地，刚好会有突发状况发生，真是令人无言。既然这条通道称为无常，那么撞见各种莫名

危机是转机，生命多精彩

危机，才能有机会学习变通，找到见招拆招的方法，也因此能找到原本意想不到的应变之道。经验累积得到最棒的智慧，当类似的状况再度发生时，就不再是让人惊慌失措的危机。根据先前的经验，人类已经懂得如何适切地去因应与处理，而这就是无常的通道，对整体世界所做出的独特贡献。

这世界绝大多数人并不喜欢意外，无常的一切很刺激，也很危险，或许连有这条通道的人自己也无法理解，甚至不喜欢，但他们生来就是会引发新的体验。那些看似危机的事件，也因为将事情整个拉离常轨，原本以为的错误，反而能带来新意。就好像饼干的缘起，是因为船员遇到船难，面粉、奶油、糖全都混在一起，在食物缺乏的情况下，船员也只好将面粉捏成一坨烤来充饥，没想到竟得到意外美味。从此饼干（biscuit）就问世了，还以船难发生时的海湾(Biscuit)来命名。臭豆腐也是豆腐商人误打误撞从豆腐生产出来的、威而刚本来是治疗心脏与高血压的药……你可以说人世无常，整个人为此抗拒、惊慌，但也可以选择以不同的角度来看，如果没有这些出乎预料的发展，如果我们连一丁点儿错误都不容许发生，这世界何来如今丰富的多样化与各种新鲜的事物呢？

活出你的天赋才华

渴望体验，带来新鲜的波登

若是探讨得更深，这条通道的人之所以会引发各式各样的体验，是因为在他们的生命底层有意识或无意识之中，存有一股强烈想去体验更多的渴望。为了满足这样独特的渴望，生命中内建了一套无常机制，好让他们透过经历生命的各种状态，对人生做出不同于常人的结论。而对新鲜体验的渴求，并非为了达到什么特定的结果。体验本身，就是最好的过程，也是最佳的答案。所以，有这条通道的人也会不自觉地突破常轨，创造极为丰富的人生。例如，从事变化大的行业，老是转行，或者跨界经营，表面看来是扩张事业的版图，其实是单纯源自内在的渴望，想尝试也想拥有更多、更新鲜的体验。

知名美食旅游节目主持人，安东尼·波登（Anthony Bourdain）就是个非常有趣的例子。他不但有这条无常的通道，也同时具备才华的通道（16-48），后者让他在厨艺上因反复练习，拥有专业并达到一定深度。而无常的通道则让他看似不安于室地跨界写专栏、写书、主持美食节目。他如鱼得水般全世界跑透，节目内容绝对不会一成不变，他总是能以截然不同的角度与观点，不落俗套地介绍各国美食与文化。他吃过各种古怪的食物，例如羊睾丸、蚁蛋、眼镜蛇生肉。在品尝的经验中可能得伴随拉肚子、过敏或内心调适等危机。最夸张的一次是，他在黎巴嫩首都贝鲁特录制节目时，因为爆发黎以冲突而在美国海军陆战队的保护下撤离。因此他也见证了当地政党支持者的遭遇，与美国侨民等待救援的点滴。

如果波登没有这条通道，他说不定一开始就拒绝去这里，或者在事情爆发时，不会有心情要将这一切记录下来，更别提之后将这些与美食无关的经历，相当不寻常地放入节目之中。无常的通道如此无常，如此刺激，看似危机不断，却也造就了波登的绝佳魅力。他的文字与节目总是这么奇异而深刻，彻底跳脱既定的框架，以崭新的体验吸引世人，为他博得众多粉丝，还得到艾美奖提名，名利双收。你看，当一个人完全将无常的通道发挥到极致，这是多么精彩刺激的人生啊。

众人最棒的人生导师

若能以成熟且不带偏见的眼光来看待这条通道的人，不可讳言，他们就是"世事无常"活生生的例子。在他们经历各种危机，得到许多不凡体验的同时，也不免为周遭的人带来不同以往的全新体验。不管你喜不喜欢，都不得不承认他们的存在，的确在无形中增广了我们的视野，让你我锻炼出更大的容量，接纳更多不同以往的可能。而具备这条通道的人，随着年岁渐长，见多识广，成熟的经历让他们几乎在任何突发的状况下，都能保持镇定，临危不乱，而他们从各种经验中所累积的人生智慧，让他们能够成为众人最棒的人生导师。

拥有这条通道的人很有趣，不管生气和快乐都很真诚，毫不掩饰。他们也非常乐于分享，当他们充满能量地表达自己时，让人仿佛身临其境。听他们说话，容易融入他们的情绪与体验里，感受到他们体验的无常、多样、丰富。他们的话语有深切的渲染力与煽动性，非常迷人。这从安东尼·波登，以及同样具有无常通道，三十九岁即英年早逝的革命家切·格瓦拉身上，都明显看出这样的特质。

给这条通道的人的建议

不要害怕危机,世事无常才能让你累积丰富的经验。有一天,你们会成为通透人世的智者,通晓人生的老师。你所说出的每一句话之所以有力量,是因为你亲身经历过。没有白走的路,经历累积了深厚内力,面对做人的痛苦与无助,你的简单一句话,就足以抚慰人心,那是因为你们所说的话语,是以自己的人生为基底,真实付出代价后,所得到的珍贵智慧。一个人的心有多大,有多理解别人的痛苦并能感同身受,是因为众生正在经历的,你都曾经走过。当你亲身经历了这看似折腾的曲折,勇敢并坚定地穿越了世事无常,就能带着深沉的理解与感受,支持更多人。

请你无所期待,只是单纯且全心地投入人生的各种体验。同时,也请你学习有耐性,不要在当下做决定,请等自己的情绪高低起伏周期走完,获得清晰答案之后,再做决定。

通道名人: 安东尼·波登、切·格瓦拉、唐纳德·特朗普、史蒂文·斯皮尔伯格

37—40 经营社群的通道

为家族付出，就是爱

定义

这条通道代表的是家族的精神，连接社群的基石。生命中的重要主题与归属感有关，探索自己究竟归属于何处。若能归属于正确的社群，进而付出与贡献，会让拥有这条通道的人觉得满足与平和。

拥有这条通道的人要找到对的人，组成对的家族，形成连接，并共同创造社群的和谐。所有的人际关系都要建立在公平的原则上，如果你与所爱之人或共事的对象所达成的协议不公平不清楚，那么这段关系将对你造成耗损，并且也不会长久。

为家族付出，就是爱

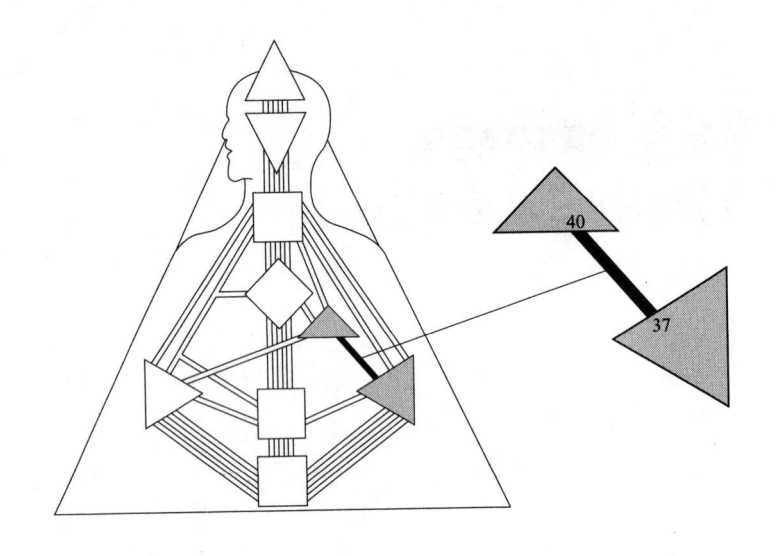

重视人和,对于社群的需求很敏感

这是一条关于经营社群的通道,在这里所指的社群可以是家庭、家族、公司,或任何他们认为有归属感的团体。他们一旦有所归属——找到对的人,不管是婚姻或者工作,达成共识,形成连接的关系,就会自然而然开始产生动力,为所属的团队而努力。对内,他们凝聚大家的向心力,细心体贴注意到每一个人的需求,并不计利害得失地付出;对外,他会为了团队的利益而极力争取,转身扮演斤斤计较的主妇或者精明的经营者角色。总之,有这条通道的人绝不会让自己的家族吃亏。换句话说，你是否为家族的一分子，将成为他们最主要的考量，并产生关键性的影响。

有这条通道的人重视人和，对于每位成员的需求都很敏感。他们总会细腻地注意到每个人情感的变化，适时给予支持，愿意为对方付出。比如说在工作团队中，若有伙伴遇到挫折，他们总会温暖地伸出援手，提供情感层面很细微的支持。或许这些举动无法直接创造业绩，表面看来也没有实质的功用，却能在无形中让团队凝聚力变强。让团队或家庭里出外厮杀拼搏的成员，一回到公司或家，看到他们就自然而然感到安心稳定。他们的存在很实在，就是一股温暖连接的力量。

同时，他们也具备做生意的才能。基于让自己的团队获取利益的考虑，他们绝对不会让外人占便宜，会货比三家，充分了解市场行情，试着以最好的价格成交。当他们奋力争取最佳条件时，不但不会害羞，甚至会给人自我感觉超级良好的印象。因为对他们来说，既然是谈生意，就没必要有什么情感纠葛，重要的是彼此间达成共识。而且他们本身物欲并不强，做生意要获利其背后的动机，源于要取得资源，好好照顾他的家人、他的公司、他的家族。所以，当他们开口喊价或争取利益时，看似温和却很坚定。

拥有这条通道的人，内心底层非常重视"公平"与"尊重"。但是，他们所认定的公平，可能与你所认为的差异颇

为家族付出，就是爱

大。在做生意的时候，对他们来说，所谓的公平就是，有人要买，有人要卖，而讨价还价就是试着理解彼此的需求为何，并在当中取得公平，同时双方建立共识，只要彼此达成协议，就是公平。对内经营团队时，他们内在也有一个清楚衡量的指标，如何凝聚团队成员，协调并引导每个人发挥所长，才能上下齐心，共同创造更多价值，让团队更成功。

找到对的人，与之建立连接

通用电气公司前首席执行官杰克·韦尔奇（Jack Welch）就是一个明显的范例。他拥有这条经营社群的通道，在他任职期间，让公司获利增长七倍，市值增长三十五倍。但同时，他最受争议的地方在于大幅度裁员，他上任五年，共砍掉十二万名员工。他赏罚分明，对于公司内的员工积极栽培，将公司转变为学习型组织，投入大量经费将原来企业内的教育中心改造成管理学院。让公司众多中高层主管能在其中学习成长，凝聚团队核心干部与精英，建立公平运作机制，让企业变得更强。

对于有这条通道的人来说，所谓的公平，不只限于实质上的公平，也包括情感上的公平。他们重视婚姻，在情感上也愿意慷慨付出，但是在看似无怨无悔的付出背后，他们内心期待收到所爱之人的回报与尊重。当他们真正感觉到，对方欣赏自己的付出，感激并且深深珍惜着自己时，就会感受到爱，并为此心满意足。

对他们来说，人生中最重要的事，就是找到对的人，与之建立连接。所谓对的人，指的是愿意与自己站在一起，同意彼此的关系要建立在相对的权利与义务之上。不管是结婚，或者合伙做生意，这对他们来说都极其重要。因为，若与不正确的人建立关系，跟错误的人合作，不管是婚姻或事业，他们会因为过度的付出，无法获得同样的滋养，而最终感到耗竭。相反地，如果拥有懂得尊重他的伴侣或工作伙伴，其付出就能得到相对应的回馈，那么这个家庭，或是企业与团队也一定能经营得很好，这就是关系是否建立在公平原则上的重要性。

乐于付出，但也要学习平衡

他们是典型先成家后立业的人。家庭价值、缔结婚约对他们而言都是重大的决定。一旦有了家庭，有了所爱的人，有了孩子，他们就会产生浓厚的归属感，自内心产生无比强大的动力，渴望成就更多，想要努力赚钱，拼搏事业，让家人过更好的生活。

虽然拥有这条通道的人，乐于为所爱的人慷慨付出，却很难将自己的需求说出口。这也是这条通道要学习的课题：学习平衡，学习如何尊重自己的需求，而不是一直不断不断地盲目付出，因为你的付出可能根本不是对方想要的。失衡的付出只会在最后让自己落入受害者的困局，得不偿失。请让自己在人际关系上取得平衡，生活各个层面也是如此，饮食平衡、性生活规律、工作适度、有固定的休闲生活，照顾别人也要照顾自己。

给这条通道的人的建议

一旦你有所归属，对内你会付出与经营，对外则争取权益，甚至进一步扩张家族领域。娶或嫁对人、进对公司、与对的对象合作，都会对你大有帮助。但得不到尊重的付出，则会让你的生活陷入失衡，你会在恶性循环的付出中耗尽一切而依然得不到相对应的回馈，需要注意。

通道名人：杰克·韦尔奇、杰米·特雷弗·奥利弗、约翰·肯尼迪、丘吉尔、伍迪·艾伦

39—55 情绪的通道

多愁善感，才能让创造力生生不息

定义

拥有这条通道的人很容易多愁善感、忧郁、情绪化。这些看似无来由的情绪，其实是非常珍贵的资产，底层蕴藏了巨大的创造力。拥有这条通道的人要接纳内在会有忧郁与多愁善感的情绪，学习与情绪的高低起伏共存，快乐有时，悲伤有时，每种情绪都有其存在的必要性。忧郁则是一种独特的天赋，若能每次都与低潮和平相处，学习转化忧郁为创意的动力，就能为世界带来源源不绝的创作，透过旋律、文字等创作，让世人得以体验你在情感上所经历的幽谷与天堂。

多愁善感，才能让创造力生生不息

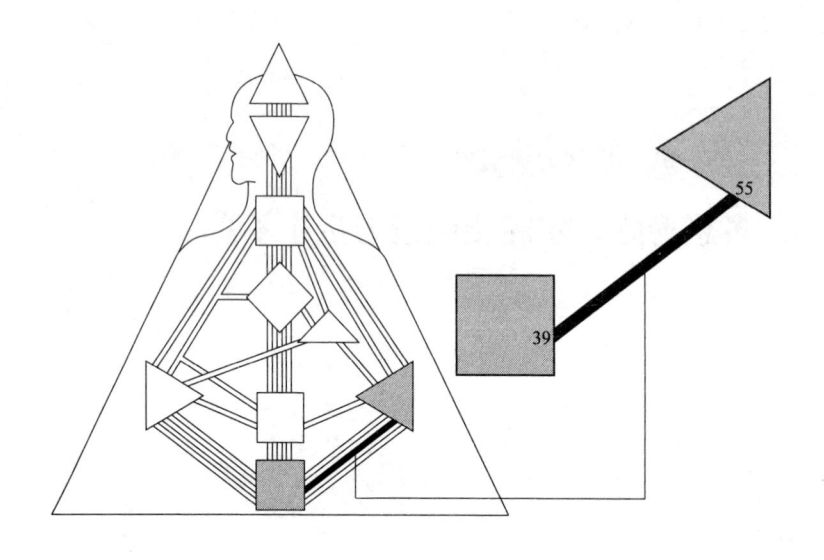

天生情感丰沛、多愁善感

拥有此通道的人天生情感丰沛，每天的情绪高低起伏都不同，可能上一刻忧郁，下一刻就突然变得很开朗，转变之间毫无理由可循。别人很容易觉得他们情绪化，搞不懂又难相处，其实他们自己也很痛苦，无法明白为什么内心的情绪起伏会这么强烈。若是终其一生都只是为此而苦，没有理解上天赐予这项天赋才华的深意，那就太可惜了。有句英文的谚语足以解释这条通道的独特之处：If there is no melancholy, there is no melody.（没有忧郁，就没有旋律。）绝大多数人并不理解，忧郁与创作力紧密相关，让忧郁找到出口的唯一方式，是经由内在的转化与升华，将情绪转化为创作的力量，以各种创作的形式，将情绪蜕变成全新的产出。当他们在作品中释放出充沛的情感，就能为我们带来艺术，带来感动，让人与人得以在心灵的层面共振，感受到合一。这就是这条情绪的通道，对人类以及对这个世界的贡献。

情绪，正是他们创作的动力

换句话说，这条通道的人的情绪有多幽微、多低落、多高亢、多深刻，他们就能有多相等量的力量转化成创作。忧郁，不过就是老天爷赋予他们才华时，额外附赠的副作用，而情绪的跌宕起伏才是他们绝妙创作的原动力。伍迪·艾伦（Woody Allen）就具备这条情绪的通道，这也就不意外为什么伍迪·艾伦的电影作品，总会环绕着与情感相关的主题，巧妙又细腻地表达出我们内在那些难以说出口的，关于爱、情感与婚姻的恐惧和焦虑。他曾在访谈中说，他年轻的时候受困于爱，到了四十岁依然为此受苦。他的作品主题经常围绕在探讨爱的本质和自我追寻上。在他的电影里面，许多

多愁善感，才能让创造力生生不息

角色都认为爱情虚无，却无法不谈恋爱，钻牛角尖般不断循环。有时，电影人物"找到了真爱"，却往往只是幻觉的极致表现。爱，真是最折磨人也最动人的东西。拥有这条通道的人，在爱里深刻感受到了孤独与困惑，经由对爱的探索，转化为真实的作品，淬炼出对情感深具智慧的体验，给了为情所苦的人一个抒发的出口。

对有这条通道的人来说，忧郁与多愁善感是必然的，对爱的追求与失落也是必然的。但重点是，你可以走多远？你是滞留在忧郁，还是愿意更进一步将之转化为创作的动力，为这个世界带来美与爱。

终其一生寻觅"懂我"的灵魂伴侣

不可讳言此通道盛产艺术家，但同时艺术家们也相当难懂，因为情绪起伏毕竟无规律可循。与拥有这条通道的人谈恋爱的经验很特别，很浪漫，也相对而言很辛苦。当他们寻找伴侣时，寻寻觅觅，内心渴求的是感受到灵魂的共振。听起来很抽象？这真是超越理智逻辑的范畴，而这也就是拥有这条通道的人所追求的"懂我"。极难以理性来解释与理解，因为不合逻辑，也没有公式，爱与不爱，隐约之间有股看似神秘的机缘与安排，懂不懂都无法强求，更非不断努力就能达成。就像伍迪·艾伦在访谈中或电影里呈现出的爱情轮廓，他自己化身为电影人物，追求真爱，但经常遇到"不懂他"的女性，两个人鸡同鸭讲，直到另一个能与他心领神会、心灵相通的女子出现。这正是这条通道一生所追求的灵魂的层次。此通道的人的忧郁，是来自底层的绝望：要找到与我们灵魂共振的人太困难了，但是如果找不到，活着又有什么意思？

这也是为何忧郁会是天赋的理由。很多创作者之所以写得出动人的情歌，是因为他们曾在情绪起伏中体验过失落、渴求、伤心，等等。这些五味杂陈、难以厘清的情感浓缩为旋律，诉诸的不是理性，而是人的情绪。最美的诗歌多来自绝望与忧郁，所以，受苦让这条通道的人有深度。这也是为什么有此通道的艺术家在最悲伤痛苦的时候，往往也是其创作的高峰期。

受苦带来深度，学习接纳自己的情绪

有这条通道的人要学习的是接纳自己的情绪，高潮也好，低潮也罢，都要接纳。低潮时，不要借着吃药让自己恢复平静；高潮时，也不要恐惧于情绪高亢，而试图将自己拉回平淡。若是对情绪的世界太过无知，心怀恐惧而不断担心，不停压抑它，最后只会呈现麻木的状态，没有情绪，没有感受，如此这般，艺术如何能诞生？如果总是希望天天开心快乐，其实是相当不切实际的想法。唯有接受情绪高低就是天生自然的状态，明白低潮反而会是全新突变的开始，有情绪并非坏事，关键是如何学习投降与接纳，找到与之相处的方法。人总得历经低潮才能转换到高潮，一如四季，春夏秋冬自然流转，没有冬天的休藏与酝酿，怎能生出春天的繁花盛放？

给这条通道的人的建议

情绪是你最好的朋友，也是老天爷给你最棒的礼物。穿越情绪，透过创作抒发自己，将内在经历的一切转化、提炼并升华。建议培养创作的兴趣，如果没有创作的兴趣，可以听歌、唱歌、学习乐器，或者培养写诗、园艺等爱好。经由音乐与创作，能大幅度地舒缓你忧郁的情绪，也可以进一步让你找到出口。别担心自己怀才不遇，当你真心做着自己喜欢的事情时，作品终有被发现的那一天。

> 如果你的孩子或周围的人有这条通道,当忧郁来袭,不要拼命试图"解决"他们的烦闷,也不要期待他们会马上开心起来。接纳情绪与感受需要过程,询问对方希望如何被支持,留空间让他们独处,或是转化为创作,都会是很好的方式。学习如何跟自己的情绪同在,完整体验悲伤或低潮,化忧郁为创意,就是这条通道的人可以传递并贡献给世界的智慧。

通道名人:伍迪·艾伦、约翰·特拉沃尔塔、居里夫人

多愁善感,才能让创造力生生不息

42—53 成熟的通道

在不同阶段中，蜕变成蝴蝶

定义

你的人生由各种截然不同的阶段所组成，经由完整的历程，你将逐渐成熟并累积智慧。将人生当作旅程，在不同的阶段学习生命传递而来的智慧，重点并非达成特定的目标，而是完整去经历这过程，累积各式各样丰富的体验。让压力成为动力，不管发生什么惊涛骇浪，都能让你从中成长，进而成为一个真正成熟的人。

一旦开始，就会坚持到最后，直到这个阶段结束，学会该学的课题。通常一个生命阶段从头到尾将持续七年，万一半途而废，同样的课题将在下一个循环中迅速以不同

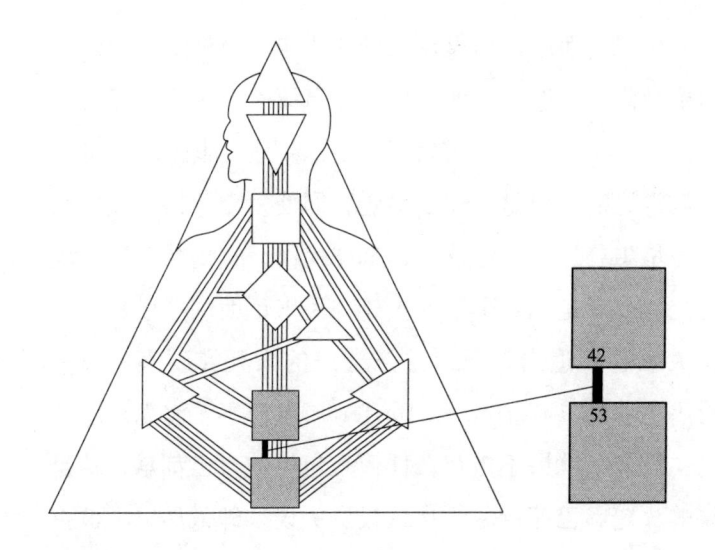

的形式再度出现，直到你学会为止。请对每个开始谨慎以对，不论是工作或者人际关系，包括婚姻，若一开始就是错误，往往要花很长一段时间，才能重新再开始。

一旦开始，就无法轻易结束

这是一条一旦开始，就无法轻易结束的通道。进入一家公司，跟人合伙做生意，或与人结婚等，只要关系一建立，这条通道的人就会走到底。他们有时明知错了，却

在不同阶段中，蜕变成蝴蝶

依然无法半途而废。如果是正确的决定，当然没有问题。但如果是错误的选择，他们也会尽量撑着，试图修正或调整路线。不管怎样，他们就是无法像别人那样，直接抽身。最常见的状况是，一旦结婚，即使发现嫁错人或娶错人，还是想要尽力"经营"，试图挽回，直到状况完全破局为止。或者是，几个朋友投资，后来证明创业模式行不通，大家逐一退出，只有这条通道的人死撑到底。股神沃伦·巴菲特（Warren E. Buffett）当初买入波克夏纺织公司，没多久就悔不当初，任何人包括他自己都承认这是错误的决定。巴菲特尽管承认投资失误，却依然以"波克夏"为公司的名字，甚至以之为主体往外投资，无法当下认赔杀出。

他们像强迫症患者一般，一开始就无法轻易结束，所以要慎始。在进入任何工作或关系之前，都要先问自己：这是正确的选择吗？是自己真心想从事的事情或想要的关系吗？如果答案是肯定的，即使投入七年，没有得到好的结果，那也是他们人生阶段中必然要经历的，他们一定能从中累积重要的人生智慧。如果答案是否定的，那么这错误就会持续七年或更久，才得以结束。

在人生各种不同阶段中，体验并成长

在体验人生这条路上，各种不同阶段的体验，对拥有这条通道的人来说都是非常重要的一件事。因为拥有这条通道的人，就是在一个阶段接着下一个阶段的诸多经历中，成长、茁壮与成熟。现今社会的主流价值观，总是以目标为导向，人生不同阶段得完成不同目标才算成功，何时有第一桶金、第一栋房、娶妻或嫁人。但对拥有这条通道的人来说，目标不重要，重要的是过程中那跌跌撞撞所累积出来的丰富体验。而每个阶段的学习，都是必经之路的累积，让他们学会该学会的课题，之后他们才能往下个全新的阶段迈进，当然，下一次又会有全新的课题等待他们去学习。

他们的人生会分成很多不同的阶段，每一阶段约七年。每一阶段做的事情可能截然不同，比如上一阶段可能是在物流公司，下一阶段又转行从事服饰业。就算前后的领域和工作内容看起来大不相同，但很奇妙地，他们就是有办法总结上个阶段所学习到的智慧，好好运用到下个阶段的经营上。可能是待人处事的眉角，可能是公司管理的心法。若自始至终都待在同样的领域或关系里，只要用心体验与学习，不同的阶段也会不断地进步，转换成全然不同的心态与方法，简直可以用脱胎换骨来形容。

在不同阶段中，蜕变成蝴蝶

脱胎换骨，是为了朝下一阶段前进

最好的例子是，巴菲特从1965年取得波克夏的经营权，一直到1985年卖出波克夏最后一间纺织厂，历经近二十一年（三个七年）。别人可能会说他终于结束了这少数让他赔钱的投资，但以人类图的观点来说，原始的波克夏已经不存在，全新的波克夏诞生了。因为从巴菲特以"波克夏"为名，向外购买持有可口可乐、美国运通、喜诗糖果等企业的股权，最后完全转型为金融控股公司时，波克夏已脱胎换骨，而巴菲特又何尝不是？虽然他从事的始终都是投资业，但是他的心境、投资策略和作风，跟二十一年前相比，已经彻彻底底完全不同了。

拥有这条通道的人，若开始了一件事却半途而废，那么，这原本该学会的人生智慧，必定会以不同的形式循环出现，直到他们真正学到会为止。学会了，才能自然而然进入下一阶段。而所谓"结束"与"学会"，并非脑袋思考所得出的结论，而是真正心领神会，于是心态才得以转换，最后行为与结果都跟着改变。也只有当自己明白了，才不会继续卡在同一关。学生准备好了，老师才会出现，既定的课题学完了，新的开始才会打开大门，然后又是一个全新的阶段，会有全新的学习过程。

这条通道的人若好好活出自己的设计，那么人生中自然而然会拥有各种丰富的体验。这些千金难换的体验，可能是从零到有、从初阶到进阶或者跨界学习，这其中也包括犯错，因为犯错也是另一种珍贵的体验，从错误中才能真正扎实地学习与成长。加上有这条通道的人抗压性强，这一个阶段中若经历了四级地震，下一阶段他们就足以应付五级地震。当具有这条通道的人，不断往前走，当他们真正穿越各个阶段迎向成熟的那一刻，就会真正变成人生阅历非常丰富的人。

经历种种淬炼之后，还有什么大风大浪没见过呢？一个真正成熟的人，即使静默，其存在都能让人感受到他的睿智，无须言语，整个人都会散发出见过世面，人情世故通透的气质。

给这条通道的人的建议

在你做任何人生重要决定，或决定进入任何关系或行业之前，请务必谨慎，若不是回应内在真心的渴望，只会是一个错误的开始。反之，若是自己真心喜欢的事情，不管成功失败，过程有快乐或痛苦，都会是珍贵的过程，你必定能从中得到宝贵的学习经验。

通道名人：沃伦·巴菲特、梅丽尔·斯特里普、哈里森·福特

在不同阶段中，蜕变成蝴蝶

47—64 抽象的通道

创意来自天马行空的联想力

定义

若你能接受困惑就是头脑运作的本质,是思考过程中不可或缺的一部分,就能从老旧与固有的模式中,予以重组拼接,从而创造出新意。这条通道非常擅长将过去所发生的一切,以抽象的概念或想法,转化为各种不同的形式来诠释,非常适合从事与创意相关的产业,透过艺术、哲学、历史或文化各层面展现自身的才华。

擅长跨界重组，影像灵感凭空而生

这条通道的人不断想着不同的概念，来自四面八方的各种可能性，在他们脑中重组、变化生成全新的概念。他们的脑袋里不停地进行着各种概念的体验，打破固有的模式，将全然不相干的物件或概念放在一起。这些风马牛不相及的想法有时是垃圾，有时却能碰撞出非常了不起的火花。他们总是说话风趣，充满自由发散的创意，与一般人的思考模式很不同，他们尤其擅长跨界与重组，将旧有的东西呈现出新意。

"北极熊喝可乐"，很有趣的景象吧？这样的广告没有理性，也毫无逻辑，但是却令人印象深刻。这条通道的人思考模式就像这样，脑中自动跑出影像，灵感凭空冲出，天马行空恣意妄为。奇妙缤纷的角色和情节，以意想不到的方式运作，思考的模式宛如泡泡般无止境地向外增长，不停发散到最后，可能降落在离起点很遥远、乍看风马牛不相及的某个结论上。但这看似疯狂毫无逻辑的联想力，若运用在创意产业，或是艺术发散的领域里，往往是令人赞叹的惊人才华。

创意来自天马行空的联想力

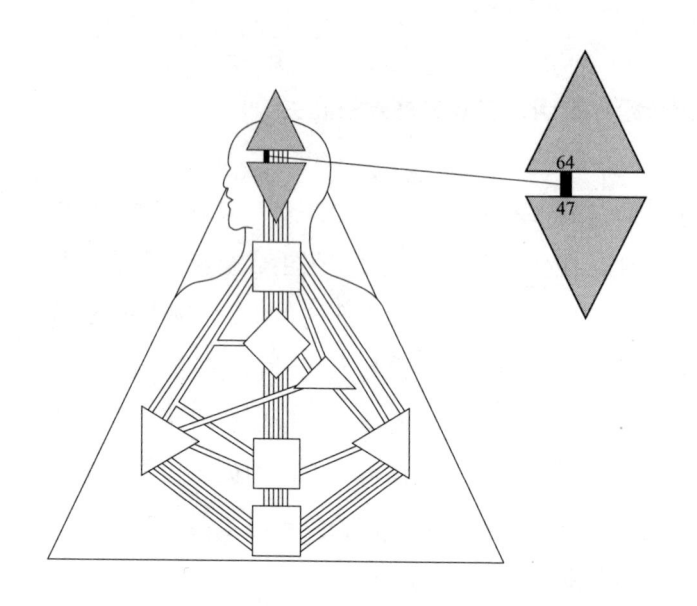

罗琳脑中奔驰着大量画面，跑出理性无法解释的畅销故事

你知道，哈利·波特的故事是怎么诞生的吗？这个风靡全世界的魔法故事，其实搭乘着一班误点的火车，就这样如梦似幻，坠入J.K.罗琳（J.K.Rowling）的脑海中。

罗琳当然有这条抽象的通道，当时她正站在月台上，而这班开往伦敦的火车竟然误点了。慢慢地，在她爱跑画面的脑海里，浮现出一个瘦弱、戴眼镜、从未想过自己真实身份的黑发男孩。接着，其他角色与情节，在火车误点的四个小时之内，宛如神谕般地飞快现身了。于是，我们这群"麻瓜"才得以一齐秘密地，与哈利·波特一同溜进国王十字车站的"九又四分之三站台"，搭乘魔法学校的列车，往霍格沃茨飞奔，从此流连忘返。

如果没有一个充满创意的脑袋，编出了一大串影像，我们就读不到精彩的《哈利·波特》。这个有趣的奇幻故事，结合了魔法与现实，发生在一个看似架空却又感觉无比真实的世界里。而这正是这一条能跑出画面的通道对世界的贡献，当有此通道的他们以创作来呈现自己脑袋中的重组画面时，是多么令人惊喜呀。

混乱与清明交织，解答有多种版本

他们脑中的思考模式并不稳定，只要改变当中一个元素，重组出来的影像和概念就会全然不同。他们擅长快速并随意地，不断组装许多画面，在迷乱与清晰之间徘徊。他们也经常为此无比苦恼，甚至混乱。脑中乱哄哄的，很多影像、幻影、概念混杂在一起，简直让他们快疯掉。

但总会有灵机一动的时刻，脑中仿佛射入一道清明的光，让他们贯穿一切，此刻他们会说"我懂了"。过往的

创意来自天马行空的联想力

苦恼，在此时突然变得清晰通透。然而，这瞬间所得到的清明并不稳定，也不确定，可以说是在混乱与疑惑中，突然推测出来的结论。而同样的事件，日后当他们对人生产生新的理解时，看待事情的角度将产生变动，极有可能在下一刻又会剪接出一个与之前截然不同的版本。

人生如戏，戏如人生，这条通道的人真的很适合从事影视工作，对编剧尤其擅长，能将一个故事编成各式各样不同的版本。他们天生擅长处理影像，能精确地以画面与影像的方式来呈现脑中的想法，他们偏好影像思考，自己也多以画面来记忆过往。

这条通道的才华若用在理解自己、解决自己的问题上，可以预期将会是一场灾难。"连连看"的特质用在非理性的创意面，可以带来惊喜，但若以此来理解自己与周围正在发生的事情，则容易跳到不符合逻辑、与事实遥远的结论上头。若他们偏偏又执意地认定自己是对的，可想而知很容易落于偏执。

当他们深陷自己的迷宫，困惑将如歹戏拖棚。他们的脑袋是一架无法停止运转的录放机，因为惊慌更想反复确认，反复不停上演结局，只会带来无止境的挫败与自我压抑。若他们固执于那错误的结论之上，那么所观看到的片段，都会是筛选并编辑过的影像，每看一次，都将离真实更遥远。

活出你的天赋才华

给这条通道的人的建议

你的头脑无法解决你自身的问题，它会对别人带来重大启发，对自己却会带来巨大的困惑。若经常处在混乱与困惑中，希望得到一丝清明，那么建议你：请将你的头脑用来服务大众，不要用来联想与自己直接相关的事情。而关于你的困惑，经过时间的沉淀后，答案将在对的时间点显现，请放心。

通道名人： J.K.罗琳、伍迪·艾伦、莫扎特、张国荣、朱莉·德尔佩

创意来自天马行空的联想力